젊은 건축가상
2014

KOREAN YOUNG ARCHITECT AWARD
2014

젊은 건축가상 2014

KOREAN YOUNG ARCHITECT AWARD 2014

김수영 SOOYOUNG KIM
곽상준 SANGJOON KWAK
이소정 SOJUNG LEE
김민석 MINSEOK KIM
박현진 HYEON JIN PARK

엮은이 EDITING
구본준 BONJOON GOO

글 TEXTS
박성진 SUNGJIN PARK
임진영 JINYOUNG LIM
이은주 EUNJU LEE

시공문화사

차례

CONTENTS

머리말

밝은 건축 세상을 위한 작은 디딤에 응원하기

이주연

건축평론가,
젊은 건축가상
운영위원

2008년부터 매년 시행되고 있는 젊은 건축가상은 새건축사협의회가 주관하긴 하지만, 한국건축가협회와 한국여성건축가협회에서 추천하는 전문가들로 위원회를 구성하고 1년 내내 많은 논의와 토론을 거쳐 실행하고 있는 공공성을 띤 건축가상이다. 이 상의 운영위원회가 늘 자부해 온 것처럼 권위를 따지자면 건축 관련 제반 시상들 가운데 앞에 내세워도 무색하지 않아 보인다. 그럼에도 이런 노고와 성과에 비해 해마다 응모하는 젊은 건축가 숫자가 그리 풍성하지 못한 것은 늘 아쉬움으로 남는다. 이런 자리를 자신들이 누리는 소통의 자리, 축제와 같은 자리로 즐길 여유를 가지지 못하는 것은 우리 건축 세상 안에서 젊은 건축가 그룹의 운신의 폭이 그리 넓지 않음을 반증하는 것이기도 하다. 요즘 같이 척박한 건축 세상에서 이런 사정은 젊은 건축가 그룹에게만 해당되는 것은 아니다. 건축인들 서로가 함께 북돋우고 함께 격려하고 함께 즐거워하는 자리가 그리 많지 않은 판에 건축상 하나 가지고 감히 축제 운운하는 게 가당치 않게 여겨질지 모르겠으나 "젊은 건축가상" 만큼은 젊음이 지닌 힘이 진취적으로 발산하는 진보적 건축운동으로 이어지기를 바라는 마음 간절하다. 그런 기대와 희망이 이 상을 운영하는 동력이다.

시작은 언제나 상의 격에 걸맞은 좋은 건축가를 발굴하는 안목이 출중한 심사위원들을 모시는 일이다. 늘 그랬던 것처럼 올해도 민현식(위원장, 기오헌), 손진(이손건축), 이충기(서울시립대학교), 박준호(East 4), 이소진(Ateliers Lion Seoul) 님 등 내로라하는 건축가 겸 학자들이 심사위원으로 참여해 주셨다. 특히 이번에는 심사위원장이 "응모자의 건축 작업에서 자연 또는 환경과의 관계, 기술적 · 사회적 관계, 생산체제, 일상생활의 질, 정신적 개념 등의 요소들이 총체적으로 어떤 관계로 어떻게 작동하고 있는가"를 파악한다는 다소 심오한 심사 기준 및 평가 키워드를 제시하며 평가의 질도 진일보시켰다. 이런 세심한 평가 과정을 거쳐 김수영(SU:MVIE Architects), 곽상준+이소정(OBBA), 김민석+박현진(Notion Architecture) 등 세 건축가 그룹이 올해의 젊은 건축가상 수상자로 정해졌다. 예년의 경우와 마찬가지로 수상자들 간에는 45세 이하의 응모자격 기준 안에서 10여 년의 연령 폭을 갖고 있으며, 비교적 짧은 경험 속에서도 건축 창의에 대한 발군의 열정을 쏟고 있는 건축가들임이 출품 작업을 통해 잘 드러나고 있어 지금보다 더 큰 미래에 기대를 모은다.

이번 수상자 가운데 제일 '연장자'인 김수영은 사무소 독립 후 하나의 작업을 마쳤는데 이를 출품해 수상하는 영예를 안았다. 그는 다른 수상자들과 비교해 규모가 큰 프로젝트를 수행하면서 독립 이전의 수련 과정을 통해 얻은 구축에 대한 관심과 진솔하고 꼼꼼한 작업 태도를 잘 반영했고, 그것을 내러티브로 요소화하는 개념 정의가 진지하게 읽힌다.

곽상준+이소정은 단독주택, 다가구 주택, 근린시설 등 일상에서 자주 접하는 작은 규모의 동네 건축들을 소담하게 잘 다룬 것이 눈에 띈다. 이들은 작업 안에서 발견되는, 매스를 규정하는 질료의 소박한 이해와 땅의 한계를 극복하려는 공간 구성에 대한 노력은 도시 일상과 건축공간을 대하는 젊은 시선을 잘 보여 주는 것이어서 즐겁다.

김민석+박현진은 둘 다 다양한 건축 경험을 바탕으로 한 젊고 패기 넘치는 작업을 완성도 있게 선보였다. 기존 형태의 한계를 군더더기 없는 균제미로 치환하거나 작은 것을 나누어 공간의 질서를 더 확장시킨 작업이 주목을 끈다. 수상자들이 내놓은 작품 가운데 유일한 해외 작이며 공공건축인 볼리비아의 '희망꽃 학교'를 재능기부로 참여한 것에도 기대를 갖게 한다.

이런 주목할 만한 작업들을 한데 모아 담아낼 작품집의 꾸밈은 올해도 지난해에 이어 조금씩 진화하고 있다. 우선 수상자 한 팀에 '전담' 비평가가 한 명 씩 짝을 이뤄 책에 담는 콘텐츠를 제작하는 '수법'은 같은데, 지난해의 건축 이론가 · 연구가 중심에서 올해는 저널리스트를 중심으로 전담 비평가를 구성한 것이 다소의 변화다. 비평가로는, 건축 전문 저널(공간)편집장 대행 박성진, 독립 저널리스트로 활약해오고 있는 임진영, 대중매체 중앙일보 문화부 미술담당 기자 이은주 등 세 분의 젊음 왕성한 저널리스트들이 각각 '전담 수상자'의 건축 생각과 세상 생각을 비평 글과 인터뷰 글로 교감한다. 여기에 세 팀의 수상자들이 지닌 건축 언어, 실현 건축의 시각적 자료와 해설 등이 붙어 젊고 신선하고 실험적이며 용기 넘치는 풍성한 이야깃거리들이 담겨 있다. 이 여러 콘텐츠들을 보고 읽고 생각하기 편하게 갈무리하고 꾸며 준 북 디자이너 이충호의 고마운 아이디어가 보태져 책이 더욱 값지게 되었다. 이 책 구성에 참여한 모든 분들의 노고가 만든 결실인 셈이다.

이 책 머리말에 대신하는 글을 마무리하면서 고백하건대, 이 글을 쓰는 일은 당초 내가 아니라 건축인 못지않게 건축에 빠져 살았던 한겨레신문 구본준 기자의 몫이었다는 것을 밝힌다. 알려진 대로 그는 지난 11월 어느 날, 안타깝게도 젊은 나이에 갑자기 우리 곁을 영영 떠났다. 이 지면을 통해 건축가와 건축 세상을 사랑했던 고인의 영원한 안식을 또 다시 기원한다.

젊은 건축가상의 전신인 '신인 건축가상' 때부터 10년 넘게 이 상의 심사위원, 운영위원으로 힘을 보태 온 인연과 건축 매체에 오래 몸담았단 이유로 별안간 급하게 이 글이 내게 맡겨진 듯하다. 작품집 발간 소위원회 첫 회합 때 고인과 비평가 등 출판에 대해서는 어느 정도 교감을 나눈 터였지만, 이런 사정을 이어받아 심적 고통을 누르며 이 글을 마무리하려니 만감이 교차한다. 이 책이 세상에 나와 널리 퍼져 수상자들을 비롯한 젊은 건축가들은 물론 동시대를 살아가는 이 땅의 건축가들을 격려 · 응원하고 우리네 건축 세상이 더욱 밝아지기를 바라는 마음은 같이 지니고 있었을 것이라는 생각을 속으로 되뇌며, 그를 먼저 보낸 안타까움에 대한 위안을 삼는다.

PREFACE

CHEERING ON EACH SMALL STEP TOWARDS A BRIGHTER ARCHITECTURAL WORLD

Jooyeon Lee

Architectural Critic, Organizing Committee of the Young Architect Award

Although the Korea Architect's Institute is responsible for the Young Architect Award, the committee is actually composed of experts recommended by groups that participate in its management such as the Korean Institute of Architects and the Korean Institute of Female Architects. As the competition is a government financed public award for architects, powered by a year long joint effort that includes a host of discussions concerning its preparations and execution, the award carries some significant authority amidst the many domestic architecture related awards, and indeed, this is something that the organizing committee has always prided itself on. Yet, it is always regrettable to see how few young architects actually submit their works to this award, considering the efforts and accomplishments that have gone into establishing it. It speaks, perhaps, of the little latitude allowed to young architects in the domestic architectural field that the young architects of today cannot afford to behave towards this award as a place for communication, or to enjoy the event like a festival of their own. Considering that the barren nature of the contemporary architectural field does not exclusively apply to young architects but all architects, it may seen unfitting to bemusedly describe the management of an architectural award as that of a festival, particularly since there are not many opportunities for architects to encourage each other or comfort and be merry together. Yet, it is my strong desire that the 'Young Architect Award' may continue as a progressive architectural movement that actively diffuses that energy which is characteristic of youth.

Such desires and hopes are what I believe to be the motivating force behind maintaining this award, a force that can easily be discovered in the administration process of this award each year. The first step is always to invite prestigious judges capable of discovering good architects that are fitting to the prestige of the prize. As always, this year, leading architects and scholars willingly participated as judges, including Hyunsik Min (chairman), Jean Son, Chung-kee Lee, Joon H. Park, and Sojin Lee. The quality of the evaluation this year was improved even more by the chairman of the jury proposing a rather demanding set of adjudication standards and evaluation keywords, saying that "candidates architectural projects would be judged according to activation of the project in regard to relationships between nature and the environment, between technological and social factors, production systems, quality of life, and other psychological concepts". After this intensive evaluation process, the three teams, Sooyoung Kim (SU:MVIE Architects), Sangjoon Kwak and Sojung Lee (OBBA) and Minseok Kim and Hyeon Jin Park (Notion Architecture) were finally announced as the winners of this year's Young Architect's Award. As in previous years, the respective ages of the architects span a range of about 10 years, all younger than 45 as specified by the conditions of the award. The projects share a zeal for uncovering architectural creativity, and despite their relative lack of experience, they excite a great anticipation for a better future.

The 'oldest' among the awardees, Sooyoung Kim, was recognized for the first and only project he has completed since establishing an independent firm. His projects are of a bigger scale than the other awardees, reflecting his interest in tectonics, as well as an honest and detailed working ethic, all traits that he acquired before establishing his independence. His work was recognized for his earnest endeavor to conceptualize these different traits into a narrative.

Sangjoon Kwak and Sojung Lee's work is characterized by their modest approach towards small-scale village architecture, easily seen in our everyday lives, such as detached houses, multiple household stories, and neighborhood living facilities. A humble understanding of the materials that define the mass accompany spatial compositions that attempt to overcome the limitations of the site, producing entertaining projects that reflect how younger architects perceive urban realities and architectural space.

The two architects Minseok Kim and Hyeon Jin Park presented a polished and ambitious project full of youthful exuberance and based on their diverse architectural experience. Their work was notable for transposing the limitations of the original form with the sleek beauty of good proportions, and for expanding the rules defining the space by dividing it into smaller parts. It was also exciting to see that 'Bolivia School', as the only overseas public project among those awarded, was a donation in the form of talent on the part of the architects.

The planning of this book, a compilation of these notable works, has also undergone a modest evolution. The format in which a 'designated' critic is paired to each team to produce the content has been maintained, yet a small change can be seen in how, compared to last year, the pool is focused on journalists rather than architectural theorists. The critic pool includes Sungjin Park the acting editor in chief of SPACE magazine, Jinyoung Lim who is active as an independent journalist, and Eunju Lee the arts & culture journalist of the mainstream newspaper Joongang Ilbo. These three young and at-large journalists each interact through their critiques and interviews by taking on a team each to interpret their thoughts about architecture and the world. Along with the visual resources and interpretations depicting the architectural style and actual architecture of the three winning teams, this publication is filled with youthful, fresh, experimental, bold and plentiful ideas to talk about. The book has become all the more valuable with the wonderful ideas of the book designer Choong Ho Lee, to whom we are indebted to for taking an array of content, and tailoring and fashioning a book that is enjoyable to look at, read and think about. This book is the result of all who have participated in its editing efforts.

I confess, as I bring to a close an essay that will replace the preface of this book, that it was not I that was originally meant to be the author of this text, but the Hankyoreh journalist, Bonjoon Goo, a man whose dedication towards architecture may even have surmounted that of architects themselves. As the world has come to learn, he has regretfully passed away at a young age, one unforgettable day last November. Through this essay, I wish to express my sincere hope that this man, who loved both architects and the architectural world alike, may lie in eternal peace.

This article was probably urgently consigned to me, after reflecting on my work with the adjudication and organizing committee of this award for over a decade, since the days that the 'Young Architect Award' was known as the 'KAI Young Architect Award', and on my long-term vocation in architectural media. At the first meeting for the publishing of this book, the smaller organizing committee, composed of the late journalist Goo, other critics, and myself had already come to a certain mutual understanding about how to go about the publication of this book. Yet, looking back to that beginning, a thousand thoughts cross my mind, as I conclude this essay in suppressed sadness. My sole consolation in this loss is my belief that the original writer would have been in the same spirit as myself, in hoping for a world in which all architects can console and encourage each other, and for a brighter architectural world.

김수영	SOOYOUNG KIM
건축사사무소 숨비	SU:MVIE ARCHITECTS
곽상준	SANGJOON KWAK
이소정	SOJUNG LEE
OBBA	OBBA
김민석	MINSEOK KIM
박현진	HYEON JIN PARK
노션 아키텍쳐	NOTION ARCHITECTURE

SOOYOUNG

KIM

=

(SU:MVIE ARCHITECTS)

김수영 = 건축사사무소 숨비

김수영은 1971년에 서울에서 태어났다. 1995년에 홍익대학교 건축학과를 졸업하고, 1997년에 경기대학교 건축대학원을 졸업했다. 졸업 후 2005년까지 건축가 김준성 사무실에서 실무를 익히고 자리를 옮겨 2010년까지 건축가 김종규의 사무실(MARU)에서 일했다. 2010년에 건축사사무소 숨비를 설립했다. 현재 아주대와 한국예술종합학교에서 가르치고 있다. MARU에서 실무를 할 때 알바루 시자(Alvaro Siza)의 국내 프로젝트들을 담당했으며, 그것을 토대로 2013년 4월에 설계에서부터 완공까지의 과정을 담은 책 <CONSTRUCTING_ On The Work of Alvaro Siza>를 발간했다.

SOOYOUNG KIM

=

김수영

= 건축사사무소 숨비

Sooyoung Kim was born in Seoul in 1971. He graduated from the Architecture Department of Hongik University in 1995, and from the Graduate School of Architecture of Kyonggi University in 1997. Upon graduation, he worked at Junsung Kim studio until 2005, and after at M.A.R.U., the office of architect Jongkyu Kim, until 2010. Thereafter, he established his own office called SU:MVIE Architects. Currently, he is a lecturer at Ajou University and Korea National University of Arts. While working at M.A.R.U., Sooyoung Kim was in charge of Alvaro Siza's projects in Korea. Based on this experience, he published a book titled *CONSTRUCTING_ On The Work of Alvaro Siza*, in April 2013, featuring the process of Alvaro Siza's work from concept design to completion.

Perception
Earth
Gravity
Tension
Force
System
Memory
Matter
Manner
Materiality
Tactility
Haptic
Rule
Radical
Generous
Syrup

SU:MVIE ARCHITECTS

PROJECT
PERCEPTION: EARTH, GRAVITY

프로젝트
인식: 땅, 중력

P.20—P.37

1

2

3

4

5

6

7

8

9

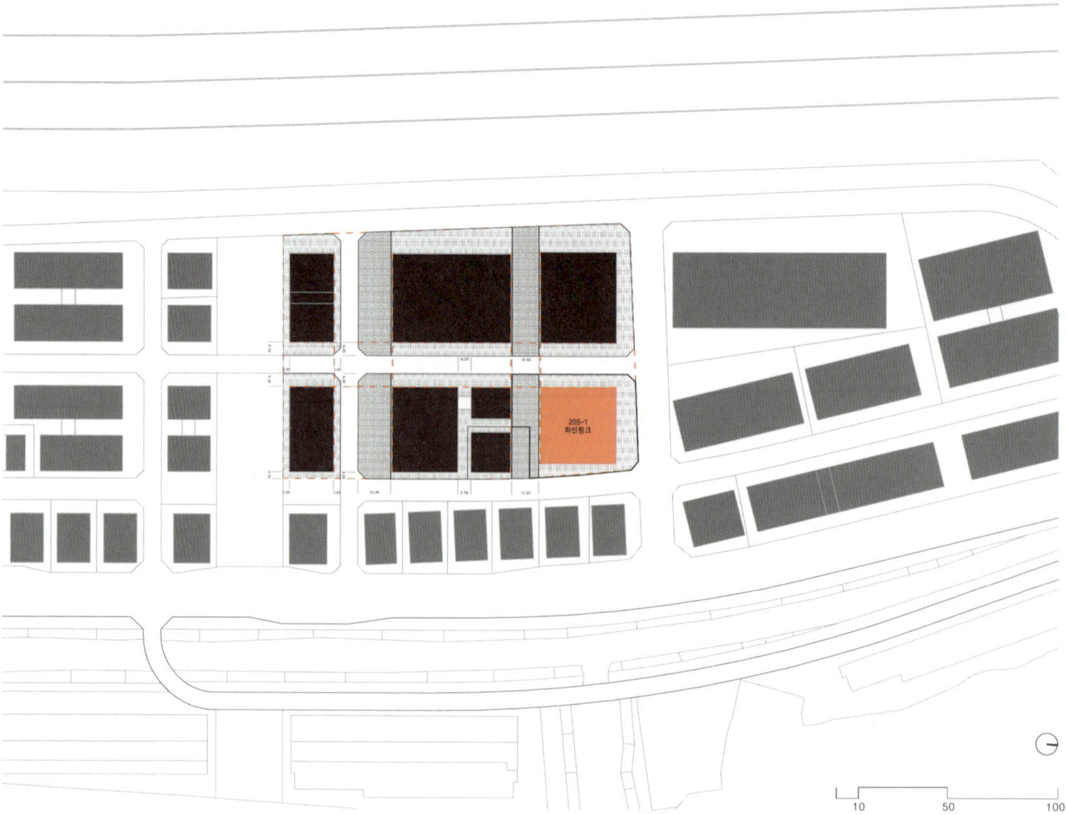

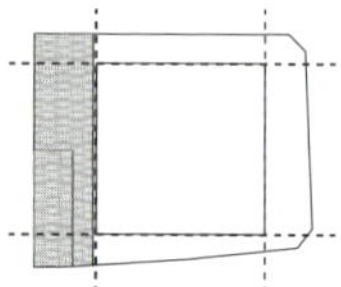

Form/ Guide line

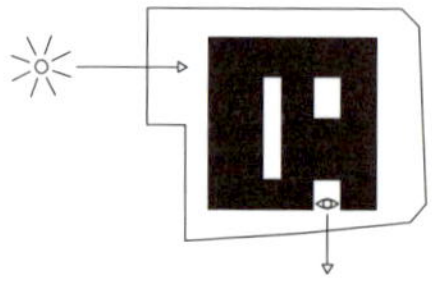

Excurved / Light, View

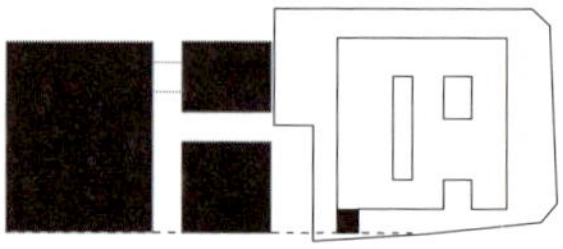

Shift / Neighboring Building

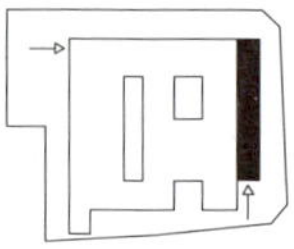

Add / Traffic

10

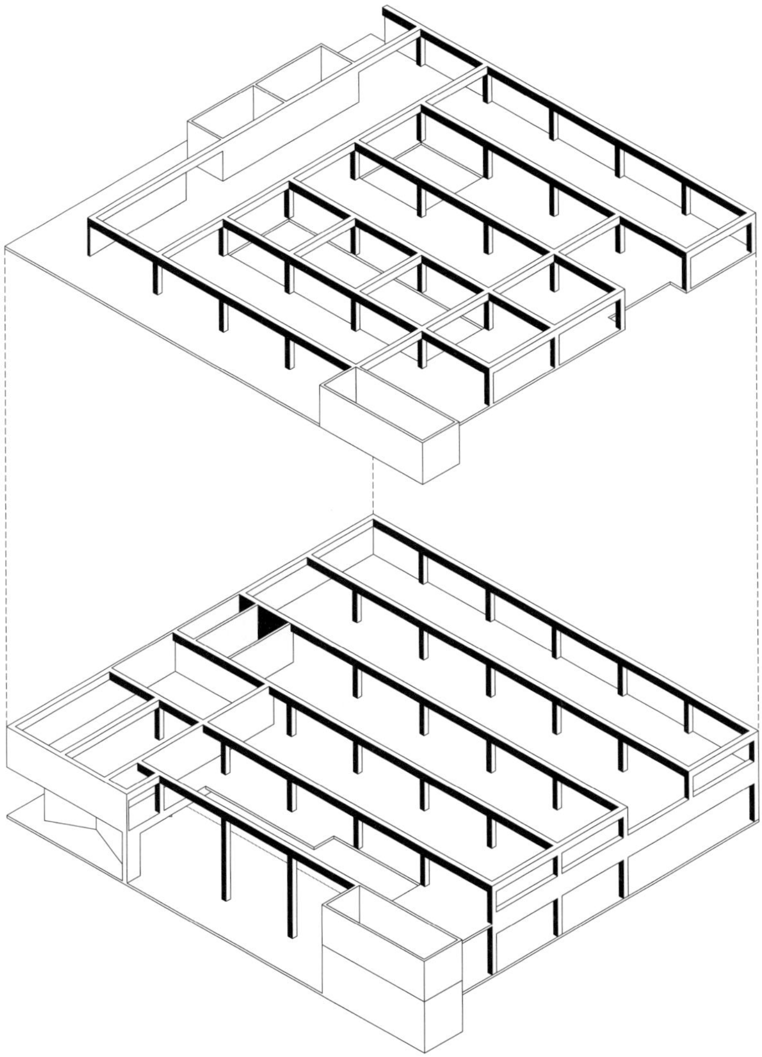

11

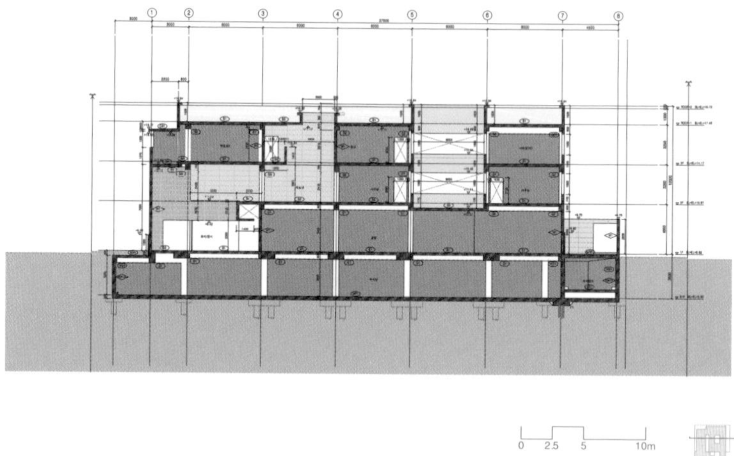

12

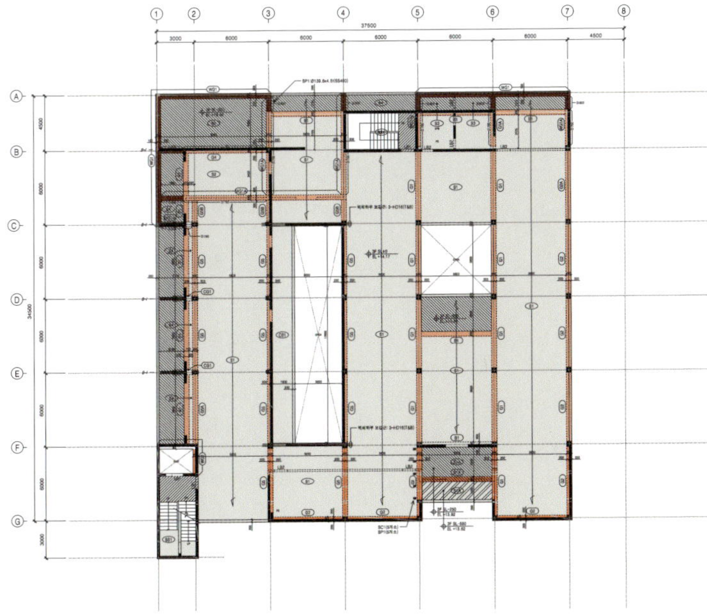

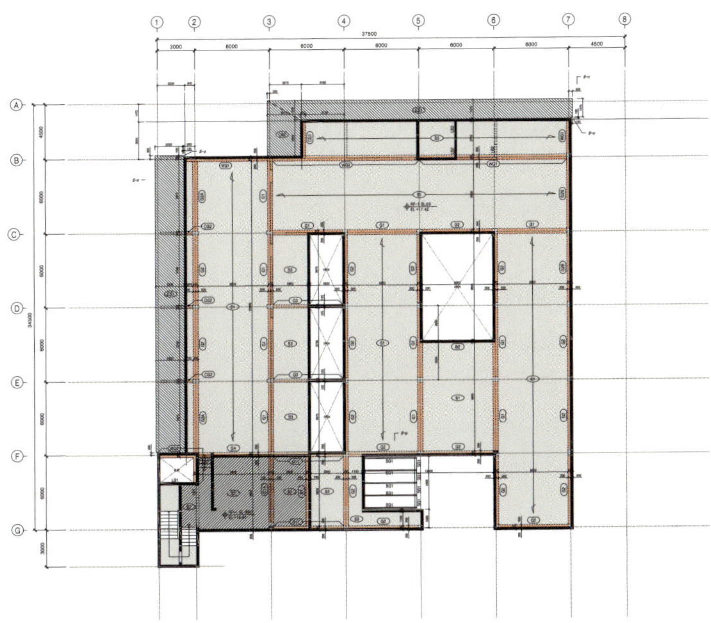

13

인식: 땅, 중력

Seeing is a conscious process. Perception is conscious seeing_ Eduard Imhof

땅 파주출판도시 2단계 부지에서 다섯 번째로 지어졌다. 최북단에 인접한 대지는 재두루미 도래지로 건축물 높이제한선 규제가 있고 마스터플랜에 의해 계획된 도시이기 때문에 건축 한계선들로 꽉 짜인 틀이 있는 땅이다. 아직 빈 땅이지만 앞으로 단지를 채워 나갈 건축물들의 성격과 윤곽이 이미 정해져 있는 곳이다. 보이지는 않지만 이미 도시의 맥락이 정해진 단지이다. 이 땅에 규정된 건폐율 50%(33x33m)와 연면적(약 4,300㎡) 안에서 건축적 규제, 보이지 않는 도시의 맥락, 건축주의 요구를 모두 해결해야 한다.

건축 계획의 출발점은 정방형의 넓은 건축물에 어떻게 하면 자연광을 내부 깊숙한 곳까지 끌어들일 수 있느냐 였다. 세 개 층의 단면 변화와 중정 그리고 깊숙한 발코니를 기본으로 건축물을 구성하기 시작했다. 주 출입구는 블록의 특성상 남쪽에 두었으며, 지하주차장 출입구와 하역 영역은 북동쪽에 배치했다. 대지는 600mm 정도의 레벨 차가 존재하고 있으며, 펄 위에 성토된 지반이다. 이런 조건을 보완하기 위해 Ø450의 파일(마찰말뚝)을 20m 깊이로 168본 박았다.

중력 주요 구조는 철근콘크리트이다. 사무 공간의 특성상 기본 모듈을 6x6m로 해 기능적인 요구에 최대한 부합되도록 했다. 비교적 짧은 경간 덕에 450x450mm 라는 비교적 가는 기둥을 사용할 수 있었다. 또한 여러 개의 구조체 켜들이 반복되었기 때문에 보를 한 방향으로 보내는 일방향 슬래브를 사용하기에 안정된 시스템이다. 하나의 덩어리에서 부분들을 빼내는 방식으로 계획하고, 단면에 변화를 주어 천창, 중정, 발코니 부분으로 빛이 들어올 수 있게 했다. 일방향 슬래브는 천장을 대부분 노출하고 기계와 전기 관련된 설치물들을 숨기는 정도의 마감만으로도 원하는 공간 효과를 충분히 얻을 수 있다.

지하층에는 주차장, 기계 및 전기실, 창고가 있고 1층에는 로비, 식당, 공장 및 사무실이 있다. 2층에는 사무 공간, 도서실, 강의실이 있으며 3층에는 임원실, 전시실, 체력단련실, 기숙사, 샤워실이 있다. 각 공간은 다양한 공간적 경험들의 연속이다.

움푹 파인 2.4m의 낮은 주출입구를 지나 들어오면 6.9m 높이의 장방형 로비를 만나게 된다. 로비를 지나면서 왼쪽의 단면 변화에 의한 2층 기둥 뒤편의 천창에서 들어오는 빛을 느낄 수 있다. 다시 낮은 천장이 있는 공간을 지나 숨겨진 계단을 통해 2층 홀로 올라가면 두 개 층 위의 천창에서 유입되는 자연광을 접할 수 있다. 이 집에서 가장 인상적인 공간이다. 유리 칸막이 안쪽에 있는 사무 공간은 개방적으로 구성했다. 높은 홀에 비해 사무 공간은 상대적으로 낮게 느껴진다. 사무공간은 단풍나무가 있는 중정과 발코니의 부드러운 빛으로 항상 밝다. 3층은 다른 층에 비해 공용공간을 풍성하게 두어 이용자들에게 휴식과 재충전의 공간이며, 전시가 가능하도록 했다.

1 높이 2.4m로 다른 공간에 비해 높이가 낮은 주출입구를 지나 내부로 들어서면 450x450mm의 콘크리트 기둥을 두 개 품고 있는 7x18x6.9m 크기의 장방형 로비를 만난다.
2 화인링크 사옥이 들어선 땅은 펄과 성토로 이루어진 연약지반으로 Ø450의 파일을 약 20m 깊이로 168본 박았다.
3 주차와 하역 공간은 주출입구의 대각선 방향에 배치해 보행 동선과 차량 동선을 분리했다.
4 개구부를 북쪽과 중정 쪽에 배치해 직사광선은 피하면서 자연광이 유입될 수 있도록 했다.
5 천창이 있는 홀을 통해 유입되는 빛과 중정으로 들어오는 빛이 2층의 사무실 공간을 여러 겹으로 나누어 준다.
6 2층의 사무실 공간. 양 측면의 끝 부분에 각종 설비들을 배치했다.
7 2층 사무실 안쪽 중정 옆에서 천창이 있는 홀을 바라본 모습. 홀 전체가 빛을 받아 밝다.
8 동남쪽에서 주출입구가 쪽을 바라본 3D 그래픽 이미지
9 북서쪽에서 주차장 출입구와 하역장 쪽을 바라본 3D 그래픽 이미지
10 주 구조법인 일방향 슬래브 다이어그램
11 위치도와 매스 형성 과정 다이어그램
12 단면의 변화를 주어 건축물 내부로 빛을 끌어들이는 모습을 표현한 구조 단면도
13 일방향 슬래브를 표현한 구조 평면도

PERCEPTION: EARTH, GRAVITY

Seeing is a conscious process. Perception is conscious seeing_ Eduard Imhof

Earth This building is the fifth of its kind to be built in the second-phase site of Paju Book City. The venue is located close to the northernmost part of South Korea and is a sanctuary for the white-naped crane. So there is a building height limit in effect. Also, as Paju is a planned city the existing framework provides another design constraint. The characteristics and the outlines of buildings to occupy the complex are pre-determined for vacant land. Although the complex is not yet fully complete the overall outline is already defined. Taking into account these constraints, the building had to meet the 50% building coverage ratio (33mX33m) and gross area (approx. 4300m^2) already defined in the pre-determined outline and the requested program. This building plan originated from the question of how to naturally introduce natural light deep inside a spacious, square-shaped building, a question that was central from the very beginning. This question led us to start designing a building based on architectural section changes on three floors, a courtyard and a deep balcony. In consideration of its horizontally set block, its main entrance faces south and the entry of its underground parking space and its loading area are placed northeast. There is about 600mm variation in ground level, in general. 168 friction piles (Ø450 in size) are embedded 20m deep in the ground banked in mud.

Gravity Its main structure is reinforced concrete. The functional requirements of the office space are met by using a 6mX6m basic module. A relatively short span gave us a relatively thin column of 450mX450m. Repetitive layers of structures, in combination, offer a system stable enough to use a one-sided slab. It is planned in such a way that parts are derived from a single mass, while changes in sections make it easier to let light in through a ceiling, a courtyard and a balcony. The one-sided slab, which lets beams head in a single direction, is applied with a finish that exposes most of the ceiling and hides only the mechanical and electrical installations. Still, it is effective in terms of space. There is a parking lot; a mechanical and electrical room; and storage underground. You can find a lobby, a restaurant, a factory and an office on the first floor, and office space, a library, and a lecture room on the second floor. A directors' office, an exhibition hall, a gym, a dormitory and a shower booth make up the third floor. Inside is a continued series of spatial experiences. First, when you enter the low-lying 2.4m main entrance dug deep into the ground, you will encounter a 6.9m-high square-shaped lobby. Once you pass this lobby, sectional changes unfolding on the left side help you feel the light coming from the ceiling to the back of the second floor column. Then as you move up to the second floor hall using a staircase hidden again behind a low-lying ceiling, you will meet the natural light introduced from the ceiling located two floors up. This is the most impressive space in this building. The office space is arranged as an open plan inside a glass partition. Compared with a high hall, this office space may feel relatively low. Soft indirect lights, coming from a courtyard and a balcony planted with maple trees, light up this space. In comparison with other floors, the third floor has lots of communal space that can be used by people to rest, reenergize and make exhibitions.

1 The main entrance with a low ceiling of 2.4m leads into a rectangular lobby (7X18X6.9m) with two concrete columns (each 450X450mm).
2 Because this construction will be established on poor subsoil consisting of mud and banking, 168 piles of 450 diameter were inserted 20m into the ground.
3 The parking lot and off-loading zone (both with roofs) are located diagonally opposite to the main entrance, thus separating the movement of vehicles.
4 The openings on the north and courtyard sides of the building hinders direct sunlight but allows a certain amount of natural light to flow in.
5 The light coming through the skylight in the hallway side of the second floor office area and the light coming in through the center courtyard divides the entire space into many layers.
6 A view of the second floor office area, showing the facilities passing towards the left and right finishing
7 View from the courtyard in the second floor office area towards the hall: this hall receives a lot of a light.
8 3D graphic of the main entrance from the southeast.
9 3D graphic of the parking lot entrance and off-loading zone from the northwest.
10 Diagram of the one-way slabs applied in the structure of the limiting line of structure
11 Diagram displaying the formation process of mass, applying a program with clear architectural margins.
12 Structural blueprint showing how light is drawn into the interior through changes in the planes.
13 Structural blueprint in one-way slabs.

PROJECT
MEMORY: MATTER, MANNER

프로젝트
기억: 물질, 규칙

P.38—P.55

1

2

3

4

5

6

7

8

9

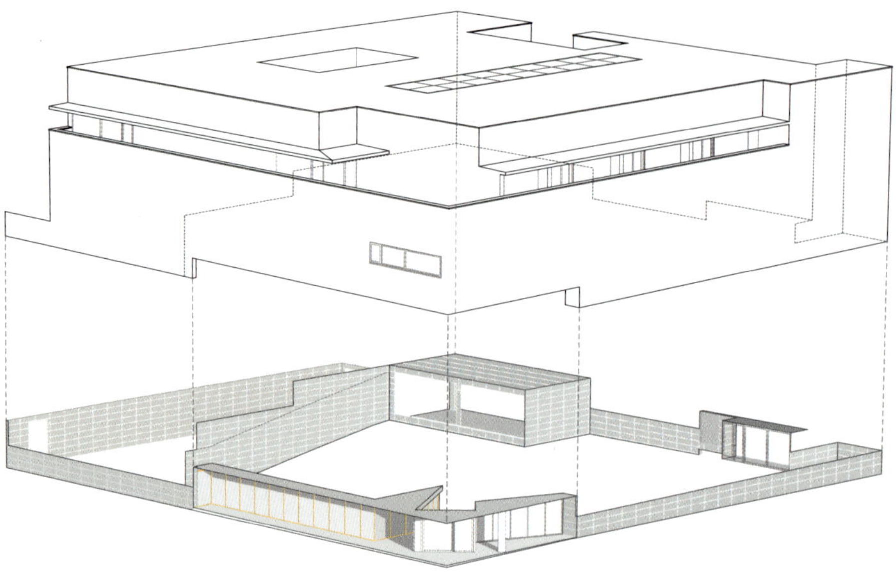

10

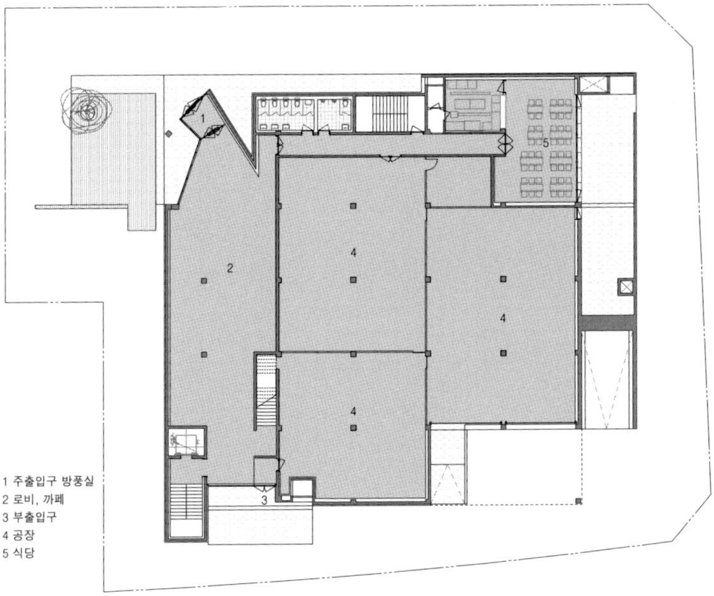

1 주출입구 방풍실
2 로비, 까페
3 부출입구
4 공장
5 식당

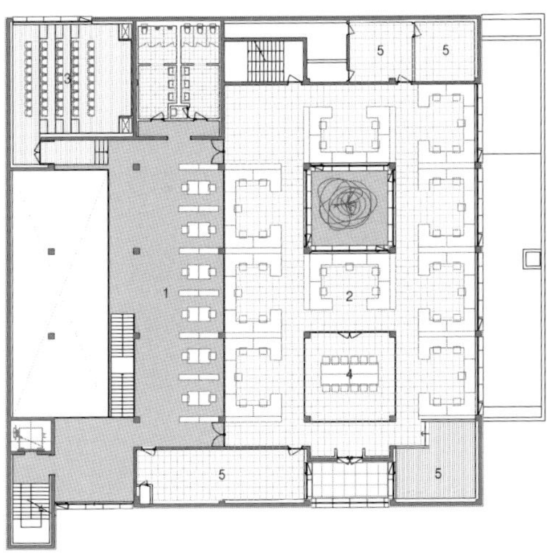

1 홀
2 사무실
3 강당
4 회의실
5 작업실

0 2.5 5 10m

11

1 주차장
2 로비, 까페
3 공장
4 홀
5 사무실
6 샤워실
7 임원실

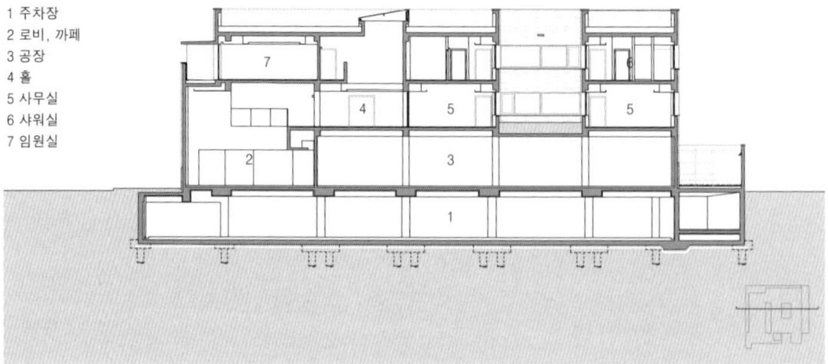

1 주차장
2 물탱크실
3 공장
4 사무실
5 회의실
6 전시공간
7 휴게실

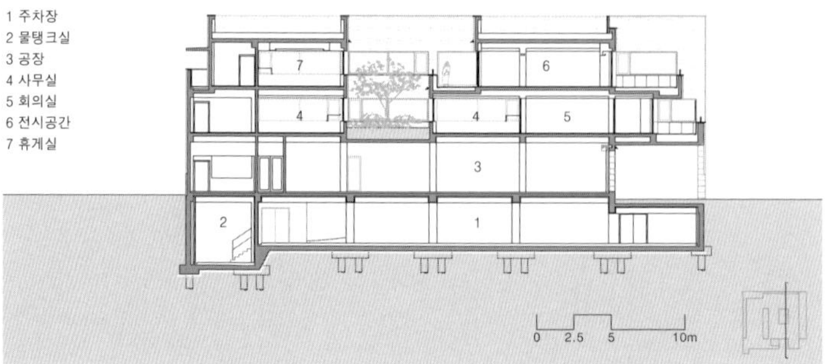

12

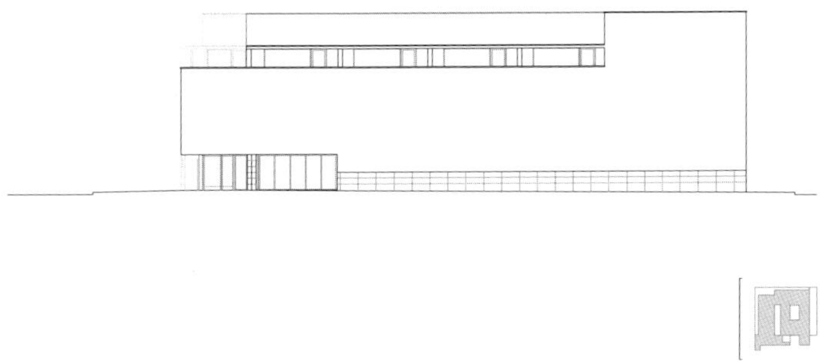

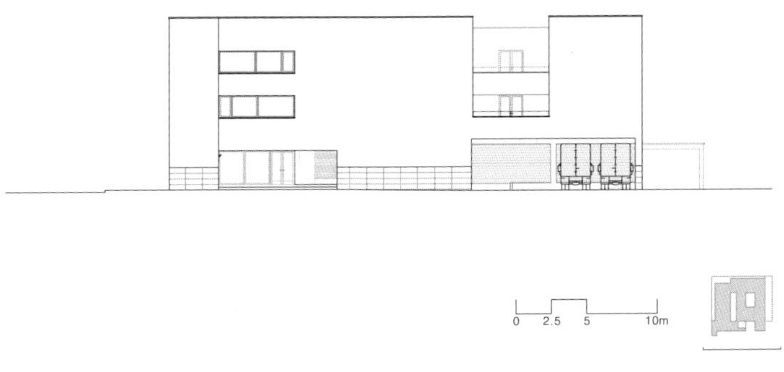

13

기억: 물질, 규칙

Memories are the reservoirs of the architectural atmospheres and images that I explore in my work as an architect_ Peter Zumthor

물질 정방형 덩어리에서 덜어 내는 방식으로 매스를 구성했기 때문에 움푹 파인 부분에는 짙은 그림자가 생긴다. 땅과 만나는 기단부는 450x1200mm 모듈의 유로폼 노출콘크리트로 마감하고 다른 부분은 드라이비트 마감이다. 단아하고 땅에서 솟아나는 듯한 인상을 주기 위해 줄눈 없이 건축물을 하나의 덩어리로 보일 수 있게 구성해야 한다. 이런 효과를 만들기에 드라이비트는 적절한 재료다. 또한 최북단 인근이기에 생길 수밖에 없는 급격한 날씨 변화를 고려한다면 외단열이 필수이다. 기단부는 유로폼 노출콘크리트를 사용해 자칫 건조해 보일 수 있는 건축물의 외관에 생기를 불어 넣었으며, 습기와 충격에 취약점을 갖고 있는 단열재를 기능적으로 보호하는 수단으로도 사용했다.

주출입구 쪽에 사용된 1220x2400mm 크기의 아노다이징(Anodazing) 알루미늄 패널은 건축물에서 유일하게 반짝이는 재료로 주출입구임을 강조했다. 발코니의 바닥과 벽에는 30x600x1200mm, 두겁은 THK60의 거창석을 버너로 표면 처리한 후 사용해 드라이비트와 질감은 비슷하지만 물성이 다른 소재를 사용해 재료에 따른 물성의 차이를 느낄 수 있도록 했다. 창호는 알루미늄 시스템창호로 외장 면보다 450mm 안쪽으로 들어가 있다. 이와 같은 창호의 위치는 시간에 따른 음영 효과로 파사드에 변화를 준다.

북쪽에 있는 사무 공간에도 일정한 양의 자연광이 유입되도록 했다. 천창에는 전동 개구부를 두어 여름에는 더운 공기를 빨아내어 단면적으로 연결된 공용부에 시원함이 느껴지게 했다. 겨울엔 따뜻한 공기를 묶어 두어 큰 공간임에도 난방의 효율을 높였다.

규칙 내부 마감에는 몇 가지 원칙이 있다. 구조체를 노출시키는 부분과 그렇지 않은 부분으로 구성되어 있다. 단면의 변화에 의해 공간적으로 연결된 세 개 층의 공용부는 외벽 기단부와 같은 450x1200mm 모듈의 유로폼을 사용해 콘크리트를 노출했다. 외부의 기단부에서부터 연속된 콘크리트 노출 마감은 내 · 외부를 공간적으로 연결시켜 준다. 또한 거친 질감의 내부 공간은 단아한 외부와는 확연히 다른 인상을 준다. 각종 설비들을 숨길 수 있는 정도의 최소한의 마감을 고려해 배관들의 루트를 정교하게 조절해야만 했다. 천장을 계획하는 것이 이 프로젝트의 가장 주된 일 중 하나였다.

마감에 사용된 주된 치수는 80, 180, 300, 450, 900, 1200, 1050, 2150, 2400, 2850, 6000이며, 내장에 사용된 거의 모든 재료나 제품의 크기와 위치가 위의 치수와 연관되어 있다. 공용부의 바닥은 콘크리트 폴리싱과 에폭시 계열을 사용해 노출된 골조의 톤을 유지하려고 했다. 사무공간에는 T3 PVC 시트를 사용하고, 강의실과 일부 중요한 실들은 목재로 마감했다. 벽과 천장은 배관, 배선, 냉 · 난방기, 간접 조명등이 들어가는 곳을 제외하곤 대부분 노출시키고, 필요 부분에만 미장 후 페인트로 마감했다. 기능적으로 직부 조명이 필요한 사무 공간을 제외하고는 주된 광원을 간접 조명으로 구성했다.

1 남측 전경. 단아한 입면을 만들기 위해 드라이비트로 마감했다.
2 북서측 전경. 유로폼 노출로 마감한 기단부
3 매스를 안쪽으로 파고든 형상의 부출입구
4 천장 높이가 낮은 주출입구를 지나 내부로 들어서면 두 개의 콘크리트 기둥이 있는 두 개 층 높이로 열린 넓은 로비가 나온다.
5 2층 홀에서 바라본 1층 로비. 왼쪽의 기둥 바깥쪽으로 천창에서 떨어지는 빛을 느낄 수 있다.
6 천창으로 들어오는 자연광은 2층의 분위기를 주도한다.
7 노출콘크리트 간접등이 보이는 1층의 안내데스크
8 2층 엘리베이터 홀 쪽에서 1층 로비와 2층 홀을 바라본 모습
9 2층 사무실 공간. 양 측면에는 간접등을 달고 기능을 고려해 중앙에는 직부등을 달았다.
10 땅과 건축물이 만나는 기단부, 기단부와 상층부가 만나는 것을 표현한 드로잉
11 1층 평면도(위), 2층 평면도(아래)
12 횡단면도(위), 종단면도(아래)
13 남측 입면도(위), 동측 입면도(아래)

MEMORY: MATTER, MANNER

Memories are the reservoirs of the architectural atmospheres and images that I explore in my work as an architect_ Peter Zumthor

Matter The main external material of this building is drivit. Its stylobate, which meets the ground, is a 450mmx1200mm module euro-form exposed mass concrete. Mass is built by subtracting from a square-shaped mass so that a dark shade forms in these hollow areas. This building, made up of relatively big sides, is constructed seamlessly to make it look like a single mass. This design is to give an impression of elegance and to make it seem as if it is soaring from the ground. In that sense, drivit was a suitable material. The functional benefits derived from the external heat insulation has a role to play when the sudden weather changes of this northern region are taken into consideration. The stylobate, where the building converges with the ground, is applied with euro-form exposed mass concrete to give vigor to the exterior of the building which may otherwise risk appearing stale. It is also a means to functionally protect heat insulation material vulnerable to humidity and shock. The anodized aluminum panel (1220mmx2400mm) used for the main entrance is the only shiny material in this building to accentuate its function as the entrance. The floor and the wall of a balcony is T30x600mmx1200mm, and the capping is T60 Chinese granite. The treatment of the surface with a burner gives it a texture similar to drivit but demonstrates the different physical properties of this material at the same time. Aluminum system fittings are placed 450mm inside rather than on the external side to bring changes in façade through shade that changes with time. The office space is located north so that a certain amount of natural light can be introduced. Electrically-operated openings are found on the ceiling and it sucks out hot air and helps form air flow at the sectionally-linked common section. This helps you feel cool during the summer. Also warm air is kept inside during the winter, guaranteeing the building with high heating efficiency although it is a large space.

Manner There are several principles applicable to the finish of the interior. In a broad sense, this finish is composed of the part that exposes the structure and the part that does not do so. Once you enter through the main entrance, the transitional spaces of the three floors, which are spatially connected through changing sections, have their concrete exposed using 450mmx1200mm module euro-form, like the one applied to the stylobate. The exposed concrete finish linked from the stylobate serves as a spatial joint between exterior and interior spaces. Also its coarse-textured interior space renders a fundamentally different impression when compared with its elegant exterior. The minimal finish chosen to hide installations made planning the piping route a delicate task. In a sense, we can say that planning the ceiling was our main job. The main dimensions applied to the finish are 80, 180, 300, 450, 900, 1200, 1050, 2150, 2400, 2850 and 6000, and the sizes and locations of almost all materials or goods used for the interior are relevant to these dimensions. The transitional space of the floor is made with concrete polishing and epoxy to maintain the tone of exposed framework. T3 PVC sheet is applied to the office space. The lecture room and some important rooms are completed with a wooden material finish. Most of the ceiling and the walls are exposed except for the areas to put piping, wiring, air-conditioner, heating and indirect lighting. A paint finish is used for those areas that needed further finishing after completing plastering work. The main source of light is indirect lighting, except for the office space that functionally requires direct lighting.

1 Photo taken from the southern position. Drivit was used to create an elegant air.
2 Photo taken from the northwest.
3 The auxiliary entrance appears to be set deep inside a large mass.
4 The 2.4M high main entrance leads into a 6.9M high lobby with two 450mmx450mm concrete columns.
5 The first floor lobby from the second floor hall, with the light from the skylight shining on the surface of the left column.
6 A view from the third floor hall of the cross-section connected second floor hall: The light enters from the skylight.
7 A view from the first floor lobby facing the information desk: the indirect lighting on the exposed concrete can be seen here.
8 A view from the elevator hall on the second floor, facing the second floor hall and the first floor lobby: The lighting illuminates the ceiling.
9 Indirect lighting is installed on both sides of the second floor office area, and direct lighting is installed functionally in the center.
10 A drawing showing that the ground and building meet where the superstructure meets the stereobate
11 First floor (top), second floor (bottom)
12 Cross section (top), longitudinal section (bottom)
13 South elevation (top), east elevation (bottom)

PROJECT
SYRUP

P.56—P.71

프로젝트
여유

1

2

3

4

5

6

7

8

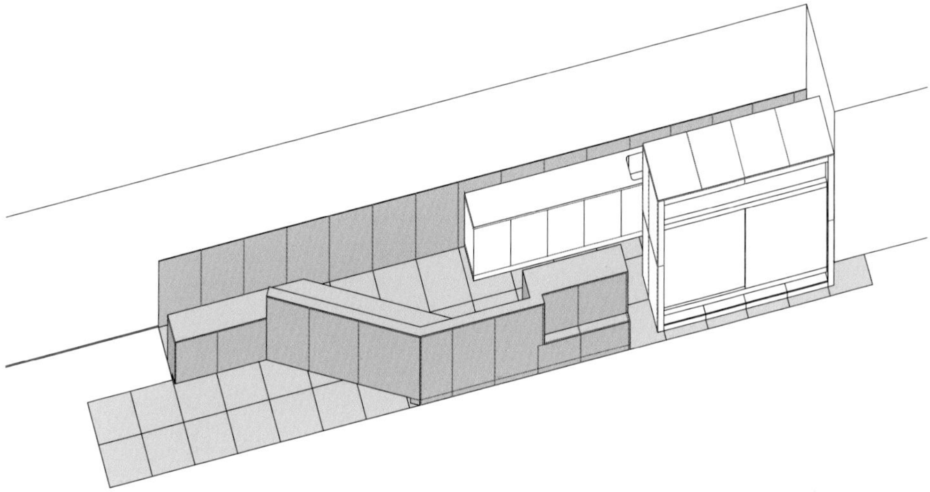

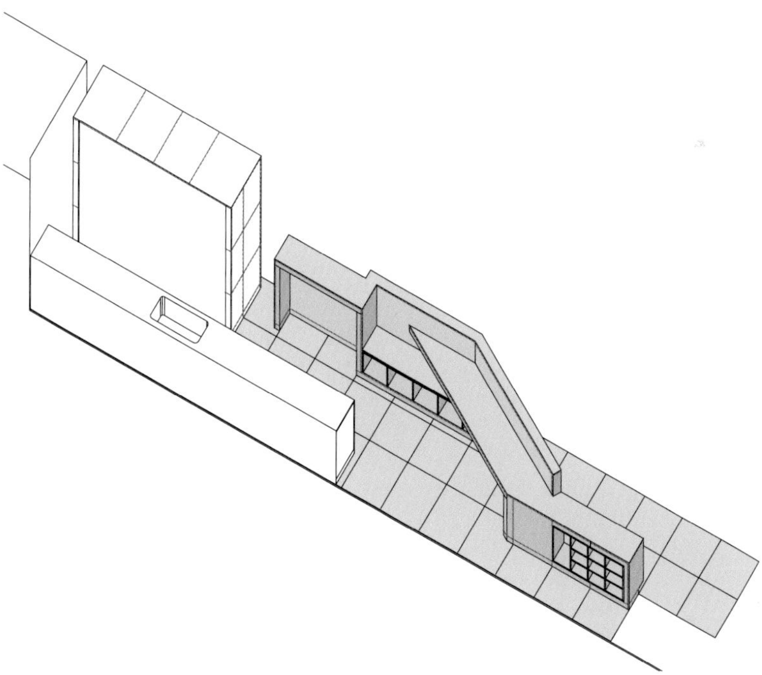

9

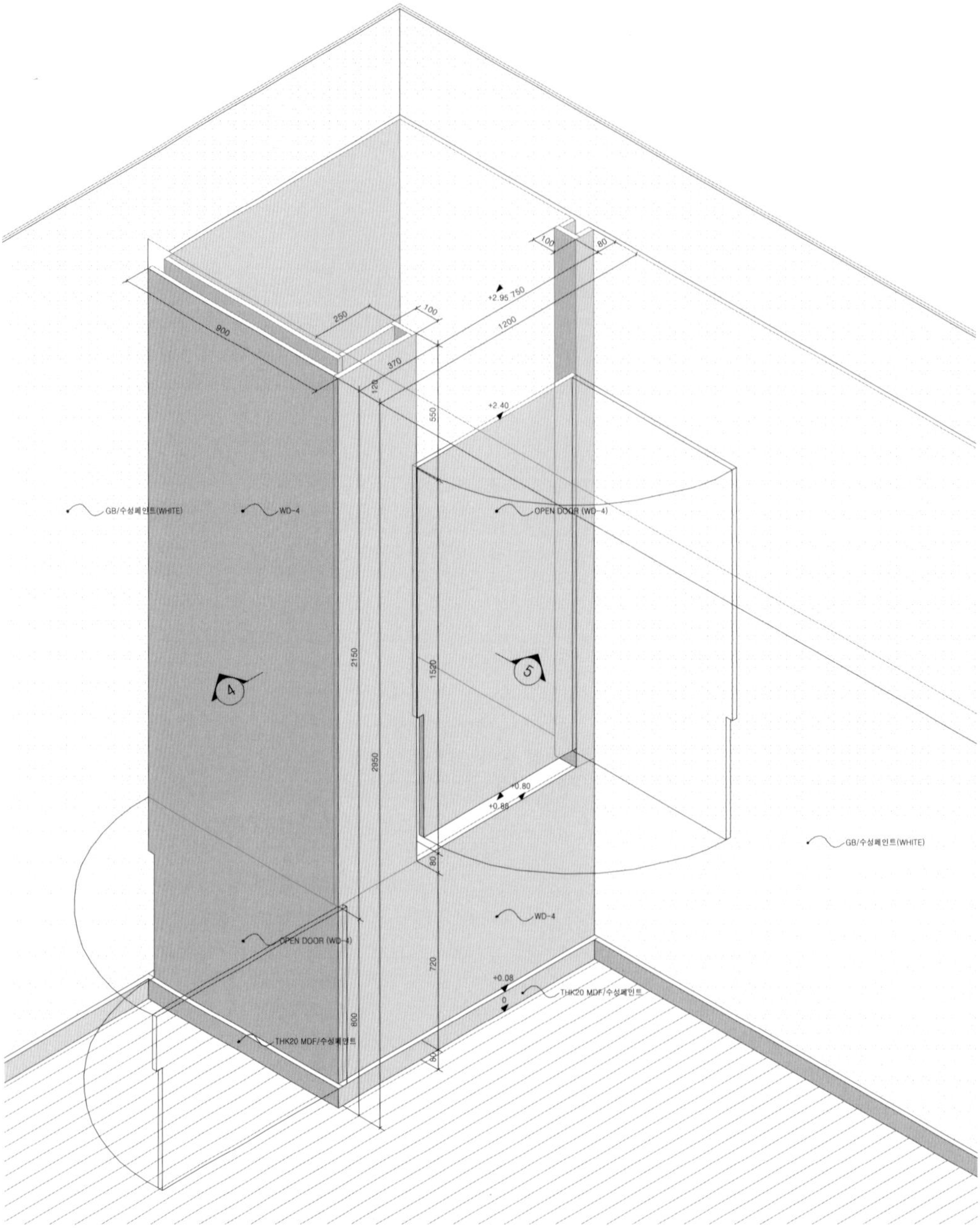
GB/수성페인트(WHITE)
WD-4
OPEN DOOR (WD-4)
GB/수성페인트(WHITE)
WD-4
OPEN DOOR (WD-4)
THK20 MDF/수성페인트
THK20 MDF/수성페인트
+2.95
+2.40
+0.80
+0.08
900
250
100
370
120
750
1200
550
2150
2950
1520
720
800
80

10

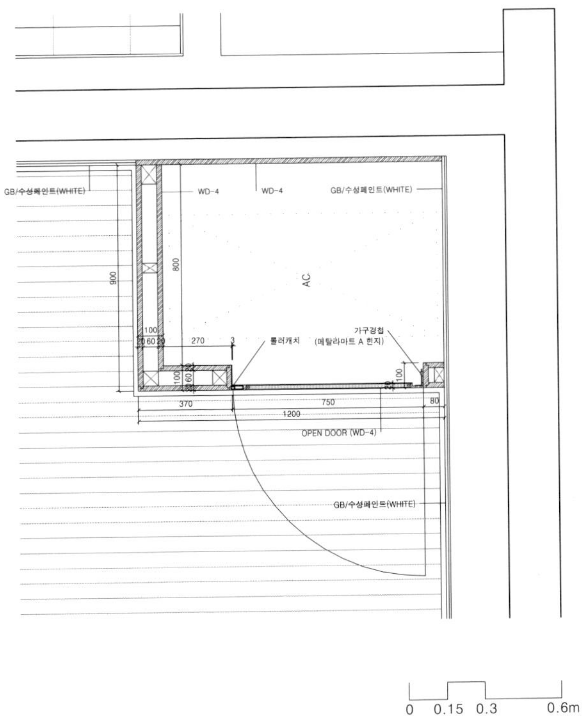
GB/수성페인트(WHITE)
WD-4
WD-4
GB/수성페인트(WHITE)
AC
롤러캐치
가구경첩
(메탈라마트 A 힌지)
OPEN DOOR (WD-4)
GB/수성페인트(WHITE)
0 0.15 0.3 0.6m

11

여유

Thus we may claim that the built invariably comes into existence out of the constantly evolving interplay of three covering vectors, the topos, the typos, and the tectonic_ Kenneth Frampton

거의 모든 부분이 직교로 만나기 때문에 몇 가지 부분에서는 의도적으로 약간의 일탈을 시도했다. 블록의 중심가로로 설정된 쪽에 있는 주 출입구와 기둥의 각도를 45도 틀어서 내부로 진입할 때의 첫인상을 부드럽게 했다. 로비에 놓인 안내 데스크는 주 출입구와 반응하며 돌아누운 여인의 모습을 상상하며 계획했다. 주요 외장재인 드라이비트의 색상은 약간 붉은 톤의 흰색이다. 그리고 1층 로비와 홀을 나누고 있는 핸드레일은 짙은 갈색이다. 지금껏 사용하지 않았던 색상이지만 건축주의 제안으로 사용한 이 색상들은 건축물에 또 다른 활력을 주고 있다. 식당과 접한 주차장 램프 상부와 벽은 주변의 풍경들은 차단하고 시선을 자연스럽게 하늘로 향하게 한다. 주차장 램프 안으로 떨어지는 한줄기 빛은 건축물의 인상에 여운을 남게 한다.

화인링크 사옥은 계약부터 실시설계 완료까지 약 4개월이 걸린, 매우 빠른 시간 안에 마무리된 프로젝트이다. 짧은 시간임에도 계획과 도면의 질이 좋을 수 있었던 가장 큰 이유는 건축주인 심상준 사장님의 절대적인 신뢰가 있었기 때문이다. 계획 초기부터 시공이 완료되기까지 전 과정을 일관성 있는 태도로 존중해 주셨다.

공사 기간 중에 우기와 혹한기가 찾아와 두어 달 이상 정상적인 공정이 이루어지지 못했다. 하지만 한 공정씩 진행되면서 공간의 윤곽이 드러나고, 당초 의도했던 생각들이 실현되는 것을 바라보는 것은 가슴 떨리는 순간이다. 공사가 마무리되면 늘 그렇듯 아쉬움이 남지만 그 보다는 다음 작업에 적용하고 싶은 몇 가지 경험을 갖게 된다. 먼저 구조에 대한 끊임없는 실험이다. 이 건축물에서는 일방향 슬래브와 구조체 노출을 적절히 이용했다. 또한 가장 중요하면서도 그 해결책이 모호한 방수와 단열에 대한 판단력도 갖추게 되었다. 언제나 가장 큰 관심사였던 창호에 대해서는 늘 새로운 것을 얻게 된다. 천창을 통한 환기는 생각보다 훨씬 효과적임을 확인할 수 있었다. 건축주와 대화 중 "저는 배수 전문가입니다"라고 말하면서 웃은 적이 있다.

공사가 진행되는 동안 단 한번도 디자인에 대한 아쉬움이나 여건을 탓하지 않았다. 건축물이 세워지는 여러 방법론과 다양한 프로세스가 존재하지만 구축이라는 것은 하나의 건축물이 세워지면서 필요한 모든 부분들의 치수들을 모아서 배치하고, 연결하고, 적용하는 일련의 과정이며, 이를 수행하는 직능이 건축가라고 생각하기 때문이다. 또한 모든 건축 행위들이 구축 원칙과 합리성에서 기인해 이를 능숙하게 다루어 공간과 빛을 연출해 내는 역할이 건축가라고 생각한다. 건축가라는 직능은 구축이라는 것을 바탕으로 철저하게 구별된 시각을 가지고 있어야 하며, 그것만이 건축가라는 직능을 지속 가능하게 유지시켜 줄 수 있는 유일한 이유라고 생각한다. 이제 다시 숨을 참고 물속으로 들어가 경험하게 될 세계에 대해 상상해 보게 된다.

1 3층 연결통로에서 바라본 2층 사무실
2 2층 발코니
3 안내데스크에서 바라본 로비
4 강의실의 에어컨과 AV 장비를 넣어 놓은 가구
5 1층에서 2층으로 올라가는 거창석으로 마감된 계단
6 개구부를 통해 자연광이 들어오는 주차장 램프 천장
7 주차장 안 인공의 빛이 스며 나오는 밤 풍경
8 인포메이션 데스크를 만들기 위해 제작한 1/30 스케일 모형
9 인포메이션 데스크와 에어컨 용 가구 엑소노메트릭스
10 강당의 에어컨과 AV장비를 위한 가구 엑소노메트릭스
11 강당의 에어컨과 AV장비를 위한 가구 평면도

위치
경기도 파주시 신촌동 문발로 449-1
용도
업무시설
대지면적
2369.70㎡
건축면적
1178.51㎡
연면적
4341.35㎡
건폐율
49.73%
용적률
128.60%
규모
지하1층, 지상3층
구조
철근콘크리트 구조
외부마감
드라이비트, 유로폼 노출콘크리트
설계기간
2012. 12-2013. 4
공사기간
2013. 6-2014. 5
건축주
(주)화인링크-심상준
설계담당
임현진, 이건국, 김도희, 박유정, 전영호
구조
(주)하모니구조엔지니어링
전기
(주)성지이앤씨
기계
(주)보우기술공사
시공
다산건설엔지니어링(주)
감리
건축사사무소 숨비
사진
나승현

SYRUP

Thus we may claim that the built invariably comes into existence out of the constantly evolving interplay of three covering vectors, the topos, the typos, and the tectonic_ Kenneth Frampton

Virtually all areas meet at right angles. So we deliberately tried slight deviations in some areas. The main entrance, facing the the center of the block, is at a 45 degree angle from the column so that people, as they enter, can get a soft first impression. The information desk situated in the lobby was planned by imagining it like a lady lying with her back turned against the main entrance. The main external material drivit is white with a slight reddish tone. The handrail, separating the first floor lobby and the hall, is dark brown. These are colors that have not been used before. But these colors, proposed by the building owner, definitely give vitality to the building. The upper ramp and the wall of the parking space adjacent to a restaurant help block the neighboring view and make the eye travel naturally upwards toward the sky. A ray of light coming into the parking lot ramp leaves a lingering image in the impression of this building.

The Fine Link Office is a project that was delivered over a very short period of about 4 months from contract to schematic design. The biggest contributor to the high quality of its planning and drawing, despite the short duration of this project, was the absolute trust shown by the building owner, president Sangjoon Shim. He demonstrated a consistent and respectful attitude during the entire lifecycle from initial planning to construction completion. Normal progress was impossible for over two months owing to the rainy season and harsh winter weather during the project. However, we were able to see each process leading to clearer space outlines and find what we had originally intended being materialized. It was a heart-pounding experience for us. There is something always left to be desired when a project is completed. But we gained several lessons that we wish to apply to future projects. The first of these lessons is to endlessly experiment with structure. One-sided slabs and structure exposure were appropriately used for this building. Most importantly, we were also able to make a decision on water-proofing and heat insulation, where the solutions were vague. We were always able to discover something new for our key concern of fittings. It was confirmed that ventilation through the ceiling was a much more effective solution than we had anticipated. During my dialogue with Mr. Shim, I once laughed and said "I am a drainage expert". Not even once during the project had I any misgivings or nor did I blame the conditions for the design. There are various methodologies and diverse processes of how buildings are constructed. However, construction refers to the process of collecting, arranging, connecting and applying all the necessary dimensions required to build a building, and I am beginning to realize that the vocation that partakes in this process is the architect. All acts of architecture stem from principles of construction and rationality, and the architect takes on the role of skillfully handling these principles to choreograph space and light. The vocation of the architect must maintain a strictly distinct perspective based on construction, and it is solely this distinct perspective that can sustainably maintain the vocation of the architect. Now I imagine myself holding my breath again and going into the water. I imagine the world that awaits me then.

1 A view of the second floor office from the third floor passageway
2 A view of the second floor balcony
3 A view of the lobby from the information desk
4 The lecture room with air conditioner and AV equipment
5 The stairway connecting the first and second floor finished with a sterobate (Geochangseok).
6 The parking lot receives lots of natural light during the day, thanks to the openings in the lamp ceiling.
7 A night view of parking lot interior: Artificial light can be seen illuminating the parking lot.
8 1/30 scale model created to make the information desk
9 Furniture axonometrics for the information desk and air conditioner
10 Furniture axonometrics for air conditioner and AV equipment in the auditorium
11 Furniture plan for air conditioner and AV equipment in the auditorium

Location
449-1, Munbal-ro, Shinchon-dong, Paju-si, Kyunggido, Korea
Use
office facility
Site area
2369.70m^2
Building area
1178.51m^2
Gross area
4341.35m^2
Building coverage ratio
49.73%
Floor area ratio
128.60%
Stories
1 underground floor, 3 ground floors
Structure
Reinforced concrete structure
Finish
drivit, euro-form exposed mass concrete
Design period
Dec 2012-Apr 2013
Construction period
Jun 2013-May 2014
Client
Sangjoon Shim (Fine Link)
Design
Hyunjin Lim, Kyunguk Lee, Dohee Kim, Yoojeong Park, Youngho Jeon
Structural engineer
Harmony Structural Engineering
Electrical engineer
Sungji E&C
Mechanical engineer
Bowoo Technology & Construction
Construction
Dasan Construction Engineering
Supervision
su:mvie architects
Photographs
Seunghyun Na

구축적 사실로서의 건축

김수영 x 박성진

문화체육관광부가 주최하는 '젊은 건축가상'은 작품이 아닌 사람에게 주어지는 상이다. 몇몇 완공작과 계획안을 통해 건축가로서의 성장 가능성을 엿보고, 비록 짧지만 그들의 통사를 확인할 수 있는 기회이다. 그러나 김수영이 이번 상에 응모할 때 내놓은 작품은 완공작 하나, 계획안 하나, 출판물 하나였다. 이런 포트폴리오의 조촐함은 근래 젊은 건축가들의 공통된 특징으로, 어려운 현실을 방증하는 지표이기도 하다. 이런 상황에서 일찌감치 자기언어가 확립된 작가로 그를 예단해 포장하거나, 하나의 건축물에 김수영이라는 개체성을 지나치게 강하게 투영해 작가 논리를 발견하려 드는 건 무모한 접근일 수 있다. 그래서 이번 인터뷰는 김수영의 작업을 도마 위에 올려놓고 진행하지 않았다. 오히려 그가 가진 견고한 건축적 사고를 의심하거나 재문하고, 그가 가진 건축에 대한 고정태를 한번쯤 해체해 보려고 노력했다. 균열과 해체를 통해 김수영 스스로가 그의 건축에 대한 건강한 질문들을 던질 수 있도록 의도한 것이다. 질문들을 통해 화인링크 사옥이라는 그의 유일한 공간적 증표에서 의도적으로 벗어난, 건축에 관한 그의 보편적인 사고를 탐색하고자 했다. 대부분의 질문들은 대중에게 김수영의 건축을 이해시키려는 목적이 아니라 김수영에 의한, 김수영을 위한 질문이다. 그것이 우문이 아니기를 바라면서 인터뷰를 시작한다.

박성진 :

젊은 건축가상에 응모는 했지만 본인이 수상할 거라고는 전혀 생각지 못했다고 말했다. 그런 자가진단의 배경에는 어떤 분석들이 작용했나. 젊은 건축가로서 본인의 한계를 되짚어 보자.

김수영 :

2차 공개심사에 올랐을 때 최종 8팀 가운데 나와 또 다른 한 사람을 제외하고는 모두 유학파라는 사실을 뒤늦게 알게 되었다. 게다가 내가 그들 가운데 제일 '나이든 젊음'이었으니 상의 취지로 보아 내게 특별한 인센티브가 없을 것으로 판단했다. 이런 내 콤플렉스를 현실적 핸디캡으로 인정한 것이고, 또 다른 측면은 건축가로서의 나의 지속가능성에 대한 의심이었다. 알바루 시자를 떼어놓고는 나의 건축적 관점과 경험을 설명하기 어렵다는 게 오히려 한계처럼 느껴졌다. 건축가로서 나 자신의 개체성과 지속성을 의심하게 된 계기였다. 내가 추구하는 건축과 다른 젊은 건축가들이 추구하는 것이 달랐던 건 확실하다. 유학을 다녀온 이들은 대부분 새롭고 실험적인 건축을 추구하지만 알바루 시자를 도우면서 체득한 내 건축은 현실적 구축으로서의 건축이며, 대부분 실무적인 부분에 치우쳐 있다. 어떤 외적인 새로움보다는 건축이 지어진다는 내적 사실에 좀더 기울어 있다. 협력업체와의 관계, 구조, 전기, 기계 등 그 하부 시스템에 많은 관심을 갖고 건축가의 역할에 대해 고민했다. 나는 건축주들에게 간혹 나를 이렇게 소개한다. "저는 우수와 방수, 단열 전문가입니다. 창호를 저보다 더 많이 알고 있는 사람은 없죠." 합리적인 방식으로 건물을 지어야 하고, 건축가가 이 합리적 구축을 위해 역할과 책임을 다해야 한다고 봤다. 심사위원들이 이런 나의 다른 면모를 높게 사지 않았을까? 물론 이런 사고들 또한 알바루 시자의 작품을 책으로 만들면서 정립된 것들이다.

박성진 :

건축에 대한 당신의 이상은 학습된 것인가? 아니면 본성에 좀더 가까운 것인가? 알바루 시자의 작업을 도왔다는 측면에서 다분히 학습된 것이라는 성격이 강하다. 만약 학습된 것이라면 그 학습이 옳다고 믿는 근거는 어디에 있는가?

김수영 :

그것을 학습과 본성으로 나눌 순 없을 것 같다. 하지만 내 경우 다른 건축가보다 학습의 영향이 큰 건 맞다. 내 건축적 이상은 건축가 김준성, 김종규를 거쳐 알바루 시자를 학습하면서 다져진 것이다. 그리고 내 학습과 이상이 옳다고 믿는 근거가 바로 '건축은 바로 구축이다'라는 신념에서 비롯된다. 나는 건축을 구축으로 보는 케네스 프램튼의 사고에 공감한다. 그는 건축을 텍토닉, 토포스, 타이포스 세 가지 구성 요소로 보았다. 그중에서 나는 텍토닉에 좀더 주목했다. 나는 건물이 만들어지는 과정이 치수에 관한 것이라고 본다. 그리고 여기에 빛과 공간의 문제가 더해진다. 외적 화려함보다 건축의 기본에 충실한 것이다. 화인링크 사옥에서는 무언가 특별하게 새로운 것을 만들려고 노력한 건 아니다. 내가 갖는 합리적 · 실무적 건축이 자연스럽게 대지와 조건에 맞게 펼쳐진 것이다.

박성진 :

이 같은 건축적 이상은 다분히 건축을 만드는 사람들의 관점이다. 당신의 건축적 이상은 매우 견고하며 전통적인 기하학의 질서에 입각하고 있다. 하지만 정기용과 같은 건축가는 사용자적 관점, 사회적 관점에서 건축의 이상을 이야기했다. 당신이 가진 그 생산자의 입장을 뛰어 넘어 건축이라는 보편적인 공동의 감각으로서 그 이상을 점검할 필요가 있다고 생각하지 않나?

김수영 :

그렇다고 내가 건축주, 즉 사용자를 배제하진 않는다. 나는 무척 기능적인 사람이다. 화인링크에서도 드러나듯 사무 공간의 배치와 조명 계획에서도 철저하게 합리성을 추구했다. 생산자로서의 입장은 철저하게 드러나지만 건축주의 요구를 수용해서 해결하고자 한다. 만드는 사람의 입장이 분명해야 기능이 명확해진다고 본다.

박성진 :

"텍토닉이라는 것이 하나의 건축물에 세워지면서 필요한 모든 부분들의 치수를 모아서 배치하고, 연결하고, 적용하는 일련의 과정을 말하며, 이를 수행하는 직능이 건축가"라고 말한 바 있는데, 정말 그렇게 생각하는가? 당신은 매우 엄격한 기하학의 질서와 수리를 쫓고 있는데 이것이 근대건축의 특질이라는 생각은 해 보지 않았나?

김수영 :

모든 재료와 제품들은 저마다 고유한 치수를 갖는다. 그리고 이런 것을 한데 모으고 연결해야 하는 건축도 이들을 포용할 수 있는 치수를 갖는다. 모든 재료와 물건, 공간들은 서로 치수로 연결되어 있다. 사실 건축가가 뭔가 새로운 것을 만들어 내는 사람이라고 생각하지는 않는다. 건축가는 서로 다른 조건의 사물들을 잘 연결하는 사람이라고 본다. 건축물에는 수많은 시스템들이 존재하는데 그것을 관통하고 연결하는 것이 바로 치수이다. 모든 것에는 치수가 존재하고, 치수에 의해 움직인다고 생각한다. 기둥 크기를 450㎜로 할지 500㎜로 할지, 또 이를 위해 또 그 배경에는 어떤 치수들이 따라주어야 하는지, 마감재는 어떤 모듈로 연결되어야 하는지…. 모두 치수의 문제들이다. 건축가는 2,400㎜라는 공간을 만들 때 왜 그 치수가 맞는지를 결정한다. 또한 2,400㎜를 만들기 위해 그 안의 수많은 것을 조정하는 사람이다. 그것이 건물을 구성하는 가장 정확한 방식이자 구축이다. 근대건축의 속성인 것도 맞다. 내가 근대건축의 순수성과 절대성에 강한 영향을 받은 것은 어쩌면 내 경험의 폭이 그다지 넓지 않아서일 수 있다. 나는 여행을 많이 다니지 못했다. 그래서 좋은 공간에 대한 개념과 경험이 풍부하지 않다. 좋은 공간에 대한 이해와 경험이 부족하다. 나는 이 공백을 학습을 통해 메운 것이다. 지금 내가 들고 있는 이 도면은 데이비드 치퍼필드의 것이다. 나는 여기 등장하는 치수를 모두 암기하고 있다. 예전에는 알바루 시자의 치수와 도면도 모두 암기했다. 그들의 도면을 찾아 철저하게 분석했다. 거기서 내가 믿을 수 있는 확실한 요소는 치수이니 나는 치수를 본다. 간접 학습에 의존해야 할 때 사진의 왜곡보다는 도면이라는 명확하고 절대적인 이미지에 더 의존하는 편이다.

박성진 :
알바루 시자에게 많은 영향을 받았다고 말했다. 알바루 시자의 작업 근저에는 평면과 산업적 효율성 측면에서 치수의 문제가 개입되어 있지만 그렇다고 그것을 그의 건축적 본질과 특질로 볼 수는 없지 않나.

김수영 :
물론 그 말에는 동의한다. 알바루 시자의 건축이 갖는 공간적인 풍요로움과 그 속에 담기는 빛과 그림자는 누구라도 흉내 내기 어려운 부분이다. 하지만 그 근저에는 엄청난 치수의 논리가 작동하고 있다. 그의 건축적 천재성은 재료와 공간에 대한 이해, 물성에 대한 이해, 그리고 구축에 대한 이해가 더해져 형성된 것이다. 솔직히 내가 학생 때 알바루 시자를 좋아했던 것은 이런 구축과 모듈의 차원이 아닌 현상학의 문제였다. 하지만 그의 건물을 직접 설계하고 감리하면서 눈에 보이지 않는 다른 차원의 논리를 알게 된 것이다.

박성진 :
당신에게 건축이라는 직능은 무엇인가? 이 시대, 우리 사회에서 건축은 무엇에 이바지해야 하나? 아니면 지극히 내밀한 차원에서 당신은 지금 무엇을 위해 건축을 하는가?

김수영 :
건축가만이 할 수 있는 일이 건축가의 직능인데, 치수들을 조정하면서 빛과 공간을 다루는 것이 그것이다. 치수를 정하고 유지해야 할 이유와 책임을 정하는 사람이 건축가다. 사실 지금 건축은 무엇에 이바지할 여건은 아니라고 본다. 내부 시스템이 부족해서 건축 생태계 자체를 건전하게 만드는 것이 더 중요하다고 본다. 건축은 일단 무엇보다 먼저 건축에 기여해야 한다. 그 다음에 보편적 학문으로서 건축이 사회에서 다른 무언가에 기여하게 될 것이다. 사무가구들은 저마다 자신들의 효율적인 규모로 만들어진다. 그리고 공간에 관련된 모든 산업이 한데 모아져 어우러질 때 최종 질서를 부여하는 것이 건축가이고, 그것을 모아 공간을 구성하는 사람이 건축가이다. 내가 지금 건축을 하는 이유는 사실 지금까지 해 왔던 부분의 자기항성일 수 있다. 구체적으로 고민해 본 적은 없다. 하지만 자기항성이라는 건 그만큼 내적으로 계속 몰입하고 있다는 뜻이다. 건축은 다소 영리하지 않더라도 계속 고민하면서 안으로 몰입하는 자세가 필요하다. 자기항성이란 그만큼 어렵더라도 길고 깊게 끌어가야 할 수 있어 야한다는 말이다.

박성진 :
아틀리에 규모의 설계사무소에서 실무를 쌓았다. 최초 김준성을 선택한 이유는 무엇인가? 그리고 이후 건축적 형질이 다른 김종규를 선택한 이유는?

김수영 :
선택이라기보다는 두 건축가의 자장 안에 있다 보니 자연스러운 길이었던 것 같다. 오히려 함께 작업한

스승이 있다고 이야기하는 게 좋을 것 같다. 김준성, 김종규, 알바루 시자라는 현재 건축가로서 활발하게 활동하고 있는 스승이 존재한다는 것은 매우 행복한 일이다. 수많은 상황에서 결정을 하기 전에 '이 스승은 어떻게 할까? 아님 저 스승은?'이란 상상을 하며 하나하나 해결해 나간다. 이 부분이 진짜(?) 젊은 건축가들과 조금 다른 면이 아닐까 생각한다.

박성진 :
마지막으로, 국내 건축계의 현실을 감안했을 때 건축가들의 역할이 사회적으로, 기술적으로, 문화적으로 어떻게 확장되어야 할지 말해 달라.

김수영 :
계속 고민해 온 문제인데, 근본적으로 우리나라의 건축 환경이 일본 혹은 유럽과는 많이 다르다. 우리나라에서 가치 있는 건축물을 만들어 내기 위해서 건축가가 해야 될 것들이 너무 많은 것 같다. 건축가의 역할이 어떤 것을 그저 예쁘게 만드는 디자이너 정도라 생각하면 다른 문제이긴 한데, 책임질 게 너무 많다. 앞에서도 언급했지만 건축가의 사회적인 외적 책무를 논하기에 앞서 건축을 만들어 내는 영역 내에서의 책임과 역할 그리고 소통을 하고 싶다는 생각이 더 앞선다. 건축생태계 자체가 너무 빈약해서 건축 외적인 것을 함께 논한다는 것이 쉽지 않다. 건축가의 책무 자체도 모호한 상태에서 그에 딸린 수많은 협력업체들은 말할 것도 없다. 건축가만이 알고 있다고 생각하는 건축적인 가치들을 건축주, 시공사, 협력업체에게 이해할 것을 강요하고, 외국 건축물 사진을 보여 주며 왜 이렇게 못하냐는 물음 자체가 미안할 뿐이다. 일본이나 유럽처럼 명확하게 구분된 책임과 역할을 토대로 하나의 목표를 바라보면 갈 수 있는 구조가 아니다. 그렇다고 외국의 상황과 같지 않기 때문에 불평만 할 수는 없는 것이고 이런 상황을 껴안고 가는 수밖에는 없는데 만만치가 않다. 그런 의미에서 이제라도 건축을 직능으로 삼고 있는 건축가의 책임과 역할에 대해 한국적으로 다시 규정해야 할 때인 것 같다. 말이 나왔으니 하는 말인데 건축가를 직능으로 봐 주는 사람들이 얼마나 되는가를 생각해 보면 알 것이다. 또한 건축가를 직능으로 생각하는 건축가가 얼마나 되는가 하는 것이다. 이러한 건축 환경에서 늘어가고 있는 사회적 요구에 대한 반응 혹은 결과물의 질은 매우 낮거나 잘못된 방향으로 향할 수 있다. 가능하면 지속 가능하며 명확한 입장을 갖출 수 있는 건축가만의 직능을 규정할 수 있으면 좋겠다. 건축가는 지휘자와 비교되곤 한다. 지휘자가 각각의 악기와 그것을 다루는 연주자들의 특성, 기질 등 모든 것 대해 잘 알고, 그것들을 잘 연결해야 하는 것처럼, 건축가들은 재료와 구법 그리고 그것을 만드는 사람을 다룰 수 있는 직능을 수행하는 사람이다. 이 부분에 대한 교육이 너무 부족하다는 생각이 든다. 건축가를 멋진 스케치나 하는 사람으로 인식하고 있는 경향이 너무 많다. 건축가에 대한 잘못된 인식이 오히려 건축가의 영역을 협소하게 만들고 있는 것은 아닌가 자문하게 된다. 요즘은 건축주들이 건축물에 대한 관심이 많아져 수준 높은 경험과 취향이 오히려 당황스럽게 만들기도 한다. 이런 상황에서 건축가가 명확한 건축적인 의견을 밝히지 못하면 끌려가기 마련이다. 어떻게 하든 건축주의 신뢰를 만들어 내야 하는데, 나는 그 토대를 기술적인 부분으로 보고 있다는 것이다. 기술적인 부분들로 엮어진 공간과 빛, 이것이 건축사사무소 숨비가 추구하는 가치이다.

비평

아주 바람직한 오해

박성진

처음, 나는 김수영을 만날 생각이 전혀 없었다. 정확히 말해 그의 건축에 냉담했다. 그것은 그의 이모저모를 살펴보고 내린 결론이라기보다 내가 앞서 겪은 몇몇 '오해'로 굳어진 선입관이었다. 이 글은 그 시답잖은 개인적 오해의 편린들이 어떻게 의미를 달리해 옮겨 가고, 결국 건축가 김수영이라는 보편적 이해에 도달했는지 경험과 사고의 순차적 변화를 기술한 것이다. 이 같은 형식을 취하는 까닭은, 그 오해들이 나름 상당히 합리적이어서 '나'라는 주관의 이슈로 한정될 문제는 아닌 것 같아서다. 평소 지극히 무난한 시각과 사고의 틀 속에서 적당히 즉물적이고 피상적인 사유를 즐기는 사람으로서 그의 건축을 향한 내 오해가 보통성을 갖는다고 생각했다.

시공간의 연속체인 건축을 간접경험을 매개로 이해하는데 있어 어쩌면 이런 오해는 필연이다. 그런데 이 오해야말로 서로 다른 생각들이 교유하여 변증법적으로 발전할 수 있는 토대가 되고, 때로는 개별 관점을 확보하는 중요한 동력이 된다. 나는 내 오해로 말미암아 김수영에 관한 보편적 이해가 정립되고, 또 그것과는 구별되는 제3의 정밀한 오해들이 발생하길 기대한다. 소통과 대화는 오해로부터 비롯되니깐.

<u>오해 1. 화인링크 사옥은 장윤규의 작업이다</u>

지난 3월이었다. 파주출판도시 2단계의 작업들을 둘러볼 요량으로 파주를 찾았다. 황량한 벌판에 백야의 불침번처럼 '나홀로' 건물들이 드문드문 박혀 있었다. 콘텍스트의 부재로 건조하고 무료한 답사가 이어질 무렵 일행의 시선을 잡아끈 것이 화인링크 사옥이었다. 마무리 공정 중인 건물을 목전에 두고 동행한 두 건축가가 묻고 답했다. "이 건물은 누가 설계했는지 알아요?" "운생동건축의 장윤규 소장이 했는데." "그런데… 왜 이렇게 했지?"

이상했다. 장윤규라면 복합체와 다양체라는 확고부동의 자기언어를 갖는 작가인데, 그의 이런 특성에 비해 눈앞의 건물은 아주 싱거운 '단순체'에 불과했다. 상황을 알려 준 이는 인근 다른 대지에 설계를 진행 중인 건축가였고, 때문에 나는 불쑥 솟아오른 의심의 싹을 의심의 여지없이 싹둑 잘라 버리고 화인링크 사옥에 낙인을 찍어 버렸다. 갈등에 휩싸인 건축가와 건축주의 부적절한 관계 속에 잉태된 사생아 정도로 장윤규와 그 건물의 관계를 규정짓고 돌아섰다. 이는 건축물 자체에 대한 평가라기보다 장윤규답지 못한 행태에 대한 실망이었다. 건물 안을 둘러볼 생각도 않고 눈을 거두었다.

<u>오해 2. '저예산에 화려한 공간 구성'은 어불성설</u>

그리고 두 달 뒤인 5월, 개인적 친분이 있는 건축가 L씨가 낯익은 건축물의 사진 10여장을 핸드폰 메시지로 투척했다. 자세히 보니 파주에서 보았던 장윤규의 화인링크 사옥이었다. 그런데 뜬금없이 L씨가 장윤규의 작업을 왜? "M.A.R.U.에서 알바루 시자의 프로젝트를 담당했던 숨비건축 김수영 소장의 처녀작."
난 함께온 설명 글에 흠칫 놀랐다. 그제야 그의 출생지를 제대로 알게 된 것이다. 앞서 느닷없이 등장했던 장윤규는 이 블록의 섹터 건축가였고, 나중에 알고 보니 실제로 이 둘은 맞은편 다른 부지에서 협력설계로 새 건물을 짓고 있었다. 그러니 몇몇 건축가의 혼동과 오해가 내게까지 전염된 것. 그 사이 건축 답사를 다녀온 L씨는 "저예산으로 적절한 디테일과 합리적인 구법, 화려한 공간 구성"이라는 말로 이 작업을 평가하며 호기심을 자극했다. 하지만 한번 깊은 편견에 사로잡혔던 터라 나는 "저예산에 화려한 공간 구성은 있을 수 없는

조합 아닌가요?"라고 반응하며 적당히 그의 관심에서 빗겨 썼다.

사실 이때 화인링크 사옥이 장윤규의 것이 아님을 알았음에도 나는 L씨의 평가에 전적으로 동의할 수 없었다. (휴대전화 카메라가 문제인지, L씨의 사진 실력이 문제인지) 사진에서는 "적절한 디테일과 화려한 공간 구성"이 전혀 드러나지 않았다. 화인링크 사옥 앞에서 발기부전에 걸렸던 나의 건축적 호기심을 크게 다시 일으키진 못했다. 하지만 지금에 와서 이를 오해라고 고백하는 것은 L씨의 말에 상당 부분 동의하기 때문이다. 만약 내가 사진과 함께 평면도나 단면도를 보았더라면 그렇게 성급한 판단은 내리지 않았을 것 같다.

<u>오해 3. 김수영의 건축은 정적이다</u>

사진으로 본 그의 건축은 매우 엄격한 질서로 굳건하게 다져진 모습이었다. 고전까지는 아니더라도 현대건축의 임의성과 불확정성을 경계하며 의심의 눈초리를 잔뜩 흘기는 표정이었다. 주변과는 지극히 제한적으로 관계를 형성하면서 정사각형 평면이라는 엄격한 기하학에 걸맞은 자기 완결적 태도를 갖추고 있었다. 빛과 어둠이 교차하는 내부공간의 분위기는 깊게 침잠해 있었고, 방문자의 가벼운 발소리조차 큰 공명을 일으킬 정적을 안고 있었다.

그리고 다시 화인링크 사옥을 찾았을 때 나는 앞서 보았던 파편적인 이미지들의 조합은 결코 이 작업의 전체성으로 귀결되지 않는다는 것을 깨달았다. 특히 나의 예측을 무력하게 만든 주범은 평면들의 정동성(靜動性)이다. 여기서 내가 사진으로 예상했던 정(靜)을 부정하고 동(動)이라 말하는 것은 그의 조형이나 현대건축의 특질인 '스펙터클'을 두고 하는 말이 아니다. 이 건물이 동적인 이유는 각 평면의 공간 구조가 일정치 않고, 서로 다른 개체적 질서를 갖는 데 있다. 특히 각 층에서 구심적 공간의 변위는 서로 다른 벡터화된 공간들을 발생시킨다. 그리고 평면들을 넘나들면서 전체를 지각하는 방식에 교란을 일으킨다. 네 변이 모두 같은 정사각형의 완벽주의식 균질성이 안으로부터 교란된다.

사람과 물류의 출입을 해결해야 하는 1층의 경우 상징적 · 기능적 공간들이 드러나고 은폐되는 구조 속에 복도 없이 공간들이 켜를 이루는데 반해, 2층은 천창 하부의 보이드와 사무실 내부 중정이라는 구심점 주변으로 공간의 응집과 확산이 일어난다. 특히 종으로만 보를 배치한 일방향 슬래브는 횡적 공간의 깊이와 일체성을 강조하는 탁월한 효과를 가져 온다. 여기에 업무 공간을 6×6m 그리드로 철저하게 모듈화시킨 것은 외부 형태와 내부의 공간적 질서 사이를 하나의 논리적 끈으로 연결시킨다. 그리고 3층에서는 2층의 중심적 공간이었던 보이드가 임원실이라는 기능상의 이유로 통제되고 시각에서 사라진다. 그리고 6m 그리드의 체계는 퇴화의 흔적만 남기고 다른 표면들로 덧씌워져 인식 밖으로 사라진다. 종으로 이어지던 공간의 방향성이 횡으로 돌아서는 것도 이런 복합적 상황들의 결과이다. 이렇게 상이한 구법의 공간들이 적층되면서 공간의 구심성이 수평 · 수직으로 변위해 가며 강조되거나 사라지고 이내 다른 좌표에서 등장한다. 그러니 1, 2, 3 층에 대한 개별적 공간 구조는 명료하다고 볼 수 있지만 이것의 적층 구조와 통합적 체험에는 복합적 양상과 움직임이 일어나는 것이다. 실제로 3층에 불과한 이 작은 건물을 답사할 때 층간을 옮겨가며 내가 서 있는 좌표와 방향성을 파악하는 데 어려움이 느껴졌다. 이는 비연속적이고 파편화된 이미지를 통해서 절대 읽을 수 없는 공간의 힘이다.

오해 4. 빛으로 공간을 표현하다

김수영은 접근성이 가장 떨어지는 안쪽 모퉁이에 출입구를 두었다. 꼭꼭 숨겨진 그 출입구를 찾아 들어왔을 때 밝게 빛나는 백색 건물에 익숙해진 동공이 한없이 풀리면서 어둠을 읽어 가기 시작했다. 그런데 눈동자가 풀리고 정확한 상이 들어오기까지 한참이 걸렸다. 그만큼 로비가 어둡다는 것. 일반적으로 밝고 환한 분위기로 방문객을 환대하는 보통의 로비와는 이 공간은 첫 인사법부터가 다르다. 오늘날 현대건축은 폭식증 환자처럼 허겁지겁 빛을 받아들이거나 빛의 연출에 방점을 찍고 있다. 하지만 화인링크 사옥은 빛이 아닌 어둠으로 공간을 표현해 나간다. 이 어둠은 어쩌지 못하는 외부의 한계 상황으로 채광이 결핍돼 생겨난 부산물이 결코 아니다.

김수영에게 이 작업의 출발에서 가장 크게 고민했던 부분이 무엇이냐고 물었다. 그는 한 치의 망설임도 없이 "두부처럼 두터운 정방형 평면에 햇빛을 어떻게 끌어올 것인가"의 문제라고 답했다. 밖으로부터 안으로, 위로부터 아래로 이 두터운 공간의 켜를 뚫고 빛을 어떻게 유입시킬 것인가? 그는 두부와 같은 가상의 체적으로부터 볼륨을 절삭해 빼내 광정(光井)을 확보해 나갔다. 상부에 천창과 중정을 만들어 채광을 해결하고, 채광에 대한 가혹한 요구로부터 벽면을 해방시켰다. 건축가는 미니멀한 입면을 관철시킬 수 있는 조건을 일찌감치 만들어 놓은 것이다. (미니멀한 입면과 어둠은 무엇이 먼저이고, 결과인지 알 수 없을 정도로 김수영의 건축에 중요한 욕망으로 등장한다.) 그리고 이 어둠은 그곳만이 아니라 건물 곳곳에서 등장한다. 지극히 필요성이 제기되는 업무 공간 이외에 광원을 모두 감추고 간접조명으로 연출한 것도 농염한 어둠을 얻기 위한 다른 차원의 전략처럼 느껴진다. 그러니 어둠의 켜 사이로 빛이 관입되는 장면들이 곳곳에 연출된다.

답사 말미에 나를 배웅하던 건축주가 의미심장한 말을 던졌다. "이 건물 참 컴컴하고, 어둡죠. 바로 이 분이 설계한 집입니다." 김수영은 멋쩍게 웃으며 냉큼 그 말을 받아 삼킨다. "제가 컴컴한 걸 좋아합니다." 그에게 어둠은 빛의 찌꺼기가 아니다. 보통 어둠을 지우기 위해 빛을 끌어오지만, 그는 어둠의 존재성을 드러내고 살아있는 음예의 켜를 만들어 가기 위해 빛을 제어한다. 다니자키 준이치로의 음예공간론까지는 아니더라도 그는 어둠으로써 공간을 표현한다. 앞서 이야기했던 각 평면의 구심적 공간의 변위 속에서 음예의 공간은 율동하고 있다.

오해 5. 화인링크 사옥은 사무실이다

파주출판단지에서 건축설계는 분명한 한계를 갖는다. 마스터플랜에 의해 꽉 짜인 건축한계선과 틀이 존재하고, 섹터건축가가 별도로 마련한 가이드라인도 따라야한다. 또 바둑판처럼 정비된 부지에 비비고 기댈 콘텍스트가 없으니 건축가들은 부지 안쪽으로 숨어버리거나 지나친 상상에 몰두하는 경우가 일반적이다. 뭘 해도 자폐증 아니면 과대망상증으로 분류되기 일쑤이다. 그런데 이런 건축의 단단한 외피적인 상황을 뚫고 들어가 건축가들이 또 고민해야 할 것이 프로그램이다. 파주출판단지의 건물들은 외견상 문화시설처럼 보이지만 어쨌든 분명한 산업단지 안의 제조시설이다. 용도 분류상 공장이 되고 실제적인 사용은 업무공간으로 이루어지는 것은 법규와 집단적 이상의 괴리이다.

화인링크 사옥을 처음 방문했을 때 나는 기업에 대한 어떤 정보도 없는 상태였다. 그저 출판 혹은 영상이라는 산업단지의 집단적 성격쯤 하나로 예측하고, 건물 용도도 사무실이라고만 생각했다. 그런데 화인링크는

출판사가 아닌 POP(Point of Purchase Advertising, 구매시점광고)의 디자인과 제작에 주력하는 기업이었다. 단순한 디자인과 편집을 넘어서 제품의 가공과 조립이 이루어지는 공정이 안쪽에 존재한다. 잘 드러나진 않지만 이런 행위와 프로그램이 배치된 곳이 바로 1층의 공장이다. 분명 화인링크 사옥의 2 · 3층은 사무실로서 새로운 구조와 쾌적한 공간적 환경을 갖추고 있다. 하지만 반문하고 싶다. 과연 1층의 공장을 위해 건축가는 어떤 공간적 고민과 개선을 모색했을까?

1~2주에 한 번은 40~50명이 되는 아줌마들이 1층 작업장에 모여 며칠씩 야간작업을 한다고 한다. 그 질리도록 단순하고 반복적인 작업을 새벽녘까지 창문 하나 갖지 못한 밀폐되고 은폐된 공간에서 해야 하는 상황. 2층과 3층을 관통하는 “합리적인 구법, 화려한 공간 구성”도 이곳에서는 먼 나라의 수사처럼 들린다. 초기 단면 스케치를 보니 2~3층의 보이드와 천창이 1층까지 도달해 있었는데 어떤 이유에서건 잘려 나가고 말았다. 숨비건축의 웹사이트에 올려진 20여 장의 건축사진 가운데서도 1층 면적의 절반 이상을 차지하는 이 공장의 모습을 담은 사진은 단 1장도 없었다. 건축가의 창의와 고민이 도달하지 못한 은폐의 공간이다. 이는 비단 화인링크 사옥 하나의 문제라기보다 파주출판단지에서 그 무수한 문화적 ‘공장들’이 보이고 있는 비문화적 양태이다.

오해 6. 김수영은 알바루 시자의 건축을 좋아한다

내가 김수영에 관한 원고를 청탁 받고 가장 먼저 한 일이 알바루 시자의 책을 다시 들춰 읽은 것이다. 알바루 시자를 향한 한국 건축가들과 건축주들의 애정은 익히 알려진 사실이지만 김수영의 경우 그 정도가 심한 편이다. 그는 자신의 건축을 설명할 때 ‘알바루 시자’라는 말을 ‘공간’이라는 필연적 단어만큼 많이 사용하는 것 같다. 알바루 시자를 빼고는 그의 건축이 설명되지 않는다. 심지어 그는 본인이 직접 출판사 등록까지 해가며 알바루 시자의 MIZIUM(아모레퍼시픽 기술연구소)을 《Constructing》이라는, 한눈에 봐도 대단히 무겁고 비싸 보이는 책으로 출간했다.

알바루 시자는 근대건축의 원리와 교리 속에 시적 서정을 불어넣은 건축가로 추앙된다. 그의 공간은 직렬 배치와 기하학적 요소를 미묘하게 조합해 운율을 만들어 낸다. 빛과 어둠이 호흡하는 공간의 율동을 만들어 낸다. 이를 두고 라파엘 모네오는 “시자의 작업을 살펴보면서 우리는 무엇이 더 본질적이고, 무엇이 가장 강력하게 건축적 현상을 규정하는지 발견하게 될 것이다”라고 말했다. 그런데 김수영이 알바루 시자를 좋아하는 이유가 다소 뜻밖이다. “시자는 정밀한 수치와 모듈을 통해 구축으로서의 건축을 엄격하게 실현해 가기 때문이다.” 김수영의 이 같은 생각은 알바루 시자의 건축을 개념적 현상적으로 받아들이는 일반적 해석과는 달리, 시자의 작업을 직접 지어 봤다는 또 다른 경험의 층위에서 시자 건축의 부분적인 특질이 확대 · 수용된 것처럼 보인다. 알바루 시자의 건축을 설명하면서 김수영이 거듭 강조하는 모듈과 치수의 정밀함은 라파엘 모네오가 말하는 “더 본질적인 무엇”이 아니라 이를 탐구하고 실천하는 과정에서 동반되는 수리적 장인적 태도이지 않을까?

내가 이 단락에서 말하고 싶은 오해는 어쩌면 나의 오해에 앞서 김수영이 알바루 시자에 갖고 있는 오해일 수 있다. 그는 시자의 대표작을 주로 사진이나 도면을 통해 간접적으로 학습했다. 그런데 그는 왜곡이 일어나는 사진을 불신한단다. 결국 시자 건축을 받아들임에 있어 김수영에게 절대적 가치를 갖는 건 절대 평면의 세계이자 왜곡이 발생하지 않는 도면이었다. 그는 한때 알바루 시자의 평면도에 등장하는 모듈과 수치를 모두 외웠다고 말한다. 나는 이런 그에게 다시 물었다. "당신이 정말 좋아하는 건축이 알바루 시자의 건축 맞나요?"

오해 7. 김수영은 젊은 건축가이다

이건 또 무슨 오해인가? 그럼 그가 젊은 건축가가 아니란 말인가? 문화체육관광부와 협회가 공식적으로 인정하는 젊은 건축가상을 탄 마당에 무슨 의심의 여지가 있겠는가. 그가 30대 중반인 다른 수상자들에 비해 아무리 고령(?)이라 해도 만 45세 이하니 일단 물리적으로 젊은 건축가가 맞다. 또 그의 완공 작업이라 해 봤자 앞서 말한 화인링크 사옥 하나밖에 없으니 작가적 타임라인에서도 이제 시작인 젊은 건축가가 맞다.

하지만 건축을 철저하게 짓는 것, 즉 구축으로 이해하고, 개념체가 아닌 사실로 인식하는 그의 사고는 다분히 젊은 건축가의 것이 아니다. 그는 방수, 단열, 창호에 있어서는 자칭 국내 1인자를 자부한다. 대부분 젊은 건축가들은 실험적 사고를 드러내는 현란하고 새로운 어휘로 무장하려 든다. 또 그것이 체화되기도 전에 성급히 자기개념화 시키거나 언어적 유희를 빚어내기에 바쁘다. 그래야 이 얄팍한 사회에서 작가 대우를 받기 때문이다.

김수영의 작가적 사고는 투박하지만 건축은 완숙하다. 자기 논리가 명료하면서도 산업과 대지, 조건에 대해 합리적이다. 그는 개념형 건축가가 아니라 실무형 건축가이다. 개념과 실무가 따로 노는 것은 아니지만, 일단 젊음은 개념의 현혹을 뿌리치기가 어렵다. 그라고 개념과 새로움에 대한 욕심이 없는 것을 아닐 것인데 그의 두 다리는 언제나 정확하게 땅을 내딛고 서 있다. 앞서 화인링크 사옥에서 L씨가 "저예산으로 적절한 디테일과 합리적인 구법, 화려한 공간 구성"이라고 하던 것도 "현장을 조율한 오랜 건축가의 경험과 노력"으로 이루어낸 당연한 성과이다. 그런 측면에서 김수영은 이미 노련한 건축가처럼 보인다.

김수영에 대한 일곱 가지 나의 오해가 이제는 이해라고 해도 될지 모르겠다. 어떤 부분은 반대로 이해가 오해로 바뀐 것도 있을 것이다. 하지만 그것은 중요하지 않다. 더 중요한 사실은 이렇게 김수영의 건축을 가운데 두고 시선이 종횡으로 가로지르면서 그에 관한 내용들이 좀 더 명확해지고, 담론은 더욱 풍요로워진다는 데 있다. 그것이 맞는 말이든, 틀린 말이든, 김수영이 그의 건축을 다시 고민케 하는 계기가 될 것이다.

박성진은 건축저널리스트로서 현재 월간 〈공간(SPACE)〉의 편집장 대행을 맡고 있다. 국민대학교와 한국예술종합학교, 스페인 국립 마드리드공과대학에서 줄곧 건축역사이론을 공부했으며, (특)문화유산국민신탁과 희망제작소 연구원으로도 활동했다. 저서로 《모던스케이프》(이레출판, 2009)와 《언젠가 한 번쯤, 스페인》(시드페이퍼, 2012), 공저서로 《궁궐의 눈물, 백년의 침묵》(효형출판, 2009), 엮은 책으로 《집 더하기 삶》(흐름출판, 2013) 등이 있다.

ARCHITECTURE AS A CONSTRUCTIVE FACT

Sooyoung Kim x Sungjin Park

The 'Young Architect's Award' hosted by the Ministry of Culture, Sports and Tourism is not given to designs, but to people. It is an opportunity to see the contestants' growth potential as an architect through a few pieces of finished work and plan proposals, and to evaluate the narrative of their work, however short. However, Sooyoung Kim only submitted one finished work, one plan proposal, and one publication to the competition. Such a humble portfolio is a common trait shared by young architects these days. It is also a collateral index depicting the harsh reality they are in. In this situation, it would be reckless to prejudge Sooyoung Kim as an architect of firmly established self-expression or try to find the architect's logic by overly reflecting Sooyoung Kim's identity into a building. Therefore, this interview did not proceed by putting Sooyoung Kim's work to the test. Rather, I strove to question and rebut his solid architectural thinking, and tried at least once to dismantle his fixed framework on architecture. The intent was to drive Sooyoung Kim to create healthy questions about his own work via fissuring and dismantlement. So my questions intentionally deviated from focusing on the Finelink building, Sooyoung Kim's only piece of architectural evidence, and tried to explore the general logic behind his architecture. Most of the questions were not aimed at making the public understand Sooyoung Kim's architecture. They were questions by and for Sooyoung Kim. Hoping that they were not silly questions, we began the interview.

SUNGJIN PARK:
You said that you submitted an entry for the Young Architect's Award, but did not think you would win. What kind of analysis bolstered this self-diagnosis? Let us retrace your limitations as an architect.

SOOYOUNG KIM:
When I advanced to the second open trials, I later learned that among the final eight teams, another contestant and I were the only ones who had not studied abroad. Additionally, since I was the 'oldest young architect' among them I thought that there were no special incentives in my favor considering the purpose of the award. I accepted my disadvantage as a realistic handicap, while also being skeptical of my sustainability as an architect. I actually felt my limitation was that my architectural viewpoint and experience could not be explained without Alvaro Siza.
It was a turning point for me to question my identity and sustainability as an architect. But it was clear that the architecture I pursued was different from that of the other young architects. Those who have studied abroad mostly sought new and experimental architecture, whereas my architecture which I attained through assisting Siza is about realistic construction, mostly leaning towards practicality. Rather than going for exterior ingenuity, I was more about the internal fact that a construction is built. This is why I considered the role of an architect focusing on subsystems such as relations with subcontracting companies, the structure, electricity, and machinery. Sometimes I introduce myself to clients by saying that "I am a professional when it comes to drainage, waterproofing, and insulation. Nobody is more knowledgeable than me about doors and windows." I thought that buildings should be constructed in a practical manner, and that the architect should play his role and be responsible to enable practical construction. I believe that the judges may have thought highly of this aspect of mine. Indeed, I established this way of thinking while compiling Alvaro Siza's work into a book.

SUNGJIN PARK :
Was your architectural ideal acquired through learning or is it more of a personal instinct? In the perspective that you have helped Alvaro Siza's work, it strongly seems to be an acquired one. If this was learnt, where do you find the fundamental

evidence for believing that this is right?

SOOYOUNG KIM:

I do not believe you can divide that into learning and instinct. However, in my case, it is true that learning had more influence on me than other architects. My architectural ideals were nurtured by studying the architects Junsung Kim, Jongkyu Kim, which led me to Alvaro Siza. The fundamental evidence I have for believing that my studies and ideals are correct is based on the belief that 'architecture is construction.' I agree with Kenneth Prampton's view of architecture as construction. He believes architecture is composed of three components : tectonics, topos, and typos. I put more emphasis on tectonics. I see that the process of building is about measurement. Here, I add the problem of light and space. This is about being more faithful to the fundamentals of architecture than external extravagance. So I did not try to create something especially new while working on the Finelink building. My perception of practical and reasonable architecture happened to fit naturally with the site and its conditions.

SUNGJIN PARK:

Such architectural ideals seems more like the perspective of a person making architecture. Your architectural ideals are very strong and follow traditional geometric rules. But architects like Kiyong Jung talk about ideals from a user-based, social standpoint. Do you not think that you need to refine your ideals transcending the producer's perspective by considering architecture as a field that can be appreciated by all?

SOOYOUNG KIM:

I do not mean that I exclude the clients, or in other words, the users. I am a very functional person. As you can see in the Finelink building, I thoroughly sought practicality in the office space displacement and lighting plans. I conspicuously display my standing as a producer, but I accommodate the demands of the client for any resolution. I believe thatfunctions can be clear only when the maker's standpoint is clear.

SUNGJIN PARK:

You have once stated that "tectonics refers to the series of processes that integrate and place, connect, and apply all the measurements of the parts needed to erect a building." Do you really think this is true? Have you not thought about the fact that the geometric rules and mathematical principles you so strictly follow are the properties of modern architecture?

SOOYOUNG KIM:

All materials and products possess their own distinctive measurement. And architecture, which gathers and links all of these components has measurements that can embrace all of these individual pieces. In fact, I do not believe architects are people who create something new. I think architects are people who appropriately connect these materials of different characters. Measurement is what penetrates and connects numerous systems existing in a building. Everything has a measurement, and their dynamics are regulated by measurement. Everything is about measurement: Should the columns be 450mm or 500mm, what measurement should follow in creating the background of the columns, what module should be used to connect the finishing materials? When an architect has to create a space of 2,400mm, he has to decide why 2,400mm is appropriate, and has to be the one who adjusts the many components that will populate the inside of that 2,400mm space. The reason why I was so strongly influenced by the purity and absoluteness of modern architecture might be because my width of experience is very narrow. I did not have the opportunity to travel a lot, so I lack the concepts and experiences to appreciate a good space. I made up for my deficiencies through comprehensive understanding and experience by learning. The blueprint I have with me right now is the work of David Chipperfield. I am memorizing all the measurements on this blueprint. In the past, I memorized the measurements and blueprints of Alvaro Siza. I meticulously studied the architects' blueprints. I look at measurement because it is the only factor I can trust in the blueprint. When I have to rely on indirect learning, I tend to depend on the accurate and absolute images of blueprints than the distortion of photos.

SUNGJIN PARK:
You voluntarily say that you were heavily influenced by Alvaro Siza. Although the issue of measurement exists in the aspects of planes and industrial efficiency in the basis of his work, I do not believe that that it is the essence and property of Siza's architecture.

SOOYOUNG KIM:
I agree with that point. The abundant space, and the light and shadows captured in his architecture is difficult to mimic. But, an extraordinary logic of measurement operates at the root of his work. Siza's architectural brilliance is comprised of his understanding of materials and space, property of matter, and furthermore, his grasp of construction. To be honest, I first admired Alvaro Siza as a student in the aspects of phenomenological problems, not in the aspects of construction and modules. However as I assisted him in designing and supervising his building, I learned about a whole new dimension of invisible logic.

SUNGJIN PARK:
Why is architecture as a vocational function to you? In this era, what should architecture contribute to? Or off the record, for what cause are you working on architecture?

SOOYOUNG KIM:
Only architects can perform the function of an architect, and that job is dealing with light and space by adjusting measurements. Architects are responsible for setting and maintaining measurement. I honestly think architecture is not in a position to contribute to something. What is more important is to nourish the architecture ecosystem by resolving the deficient internal systems. Architecture should foremost contribute to architecture itself. Afterwards, architecture as a general field of academics can contribute to different areas in society. Office equipment are produced in their unique size of efficiency. Architects bring final order when all the industries involved in creating space come together, and architects collect these to organize space. Truthfully, it may be that I am an architect because of the momentum that has carried me so far. I have not specifically thought about this. But this tendency to continue shows my immersion in architecture. In architecture, you do not need to be smart, but you need the attitude to constantly think and be absorbed in your work. It means that although it is difficult, you need to be able to dig deeper.

SUNGJIN PARK:
You first worked and gained working experience at Atelier Designs. Why did you first choose to be an apprentice under architect Junsung Kim? Later, why did you choose to go to Jongkyu Kim who has a different architectural character?

SOOYOUNG KIM:
It was not actually a choice. It was a natural path I took because I was inside the magnetic field of two architects. I think it would be better to talk about the teachers I had the privilege of working with directly. I am blessed to have teachers who are still acting architects like Junsung Kim, Jongkyu Kim, and Alvaro Siza. In many situations I wonder 'what would have this teacher done? Or what about that teacher?' and solve my problems one by one. I think this might be the difference I have with architects who are actually young.

SUNGJIN PARK:

Lastly, considering the current situation of the world of architecture in Korea, what is your opinion on how architects can expand their role socially, technically, and culturally?

SOOYOUNG KIM:

That is a question I always ponder. The architecture environment of Korea is fundamentally very different from Japan or Europe. I believe that architects in Korea have too much on their plate when creating a building of value. It would be a different problem if you think that architects are only responsible for making buildings look pretty. Architects have too many responsibilities. So, as I mentioned before, instead of talking about architects' social and external duties, I want to touch upon their responsibilities and roles and communicate within the field of architecture first. Because the architecture world is too weak, it is not easy to discuss the external factors of architecture all together, not to mention the many related subcontractors while the duties of an architect itself are vague. It seems a shame that all architects seems to do is to force clients, constructors, and subcontractors to understand fancy architectural values, and to shove pictures of buildings overseas into the faces of contractors, demanding 'why can't you create results like this?'. For a building to reach the level of value that architects desire, there are many things and even consequences that cannot be anticipated. Korea does not have the structure Japan and Europe have in which everyone can shoot for one shared objective through clearly divided roles and responsibilities. That does not mean we can be discontented that the environment is not like other countries. But it is tough to work in a situation like this, accepting these barriers. In this aspect, I think it is time that the roles and responsibilities of architects taking up architecture as a vocational function should be re-defined in a Korean fashion. Think about how many people regard architecture as a vocational function. And think about how many architects consider their job as a vocational function. In this sort of architectural environment, the output for increasing social demands or the quality of the outputs may be very low or headed in the wrong direction. If possible, I hope that we could codify a function unique to architects that can hold a sustainable and distinct stance. Architects are often compared to maestros. The conductor is aware of the characteristics and tendencies of each instrument and musician. Like the conductor who connects these different traits excellently, an architect is a person who performs the function of dealing with materials and methods, and the people who produce them. There is not enough awareness about this out there. The tendency to see architects as people who only draw awesome sketches is prevalent. I personally wonder whether this misconception is shrinking the area of architects. These days, I am caught off guard by the high-quality experiences and preferences of the clients as they have developed an interest in construction materials. If the architect is unable to express a clear architectural perspective in this situation, then he will be dragged around on a leash. Architects must gain the trust of their clients. I see the basis for this in technique. This is what Su:mvie Architects pursues : space and light linked by technical aspects.

CRITIQUE

THE VERY APPROPRIATE MISUNDERSTANDING

Sungjin Park

At first, I had no intention to meet Sooyoung Kim. To be exact, I was phlegmatic about his architectural work. This was not an opinion formed after taking a holistic look at him, but rather a bias created by some earlier events. This paper elaborates on the sequential changes of this experience and the thought process behind the evolution from personal, trivial misunderstandings to an understanding of different perspectives and how I eventually reach a point of general understanding of the architect Sooyoung Kim. The reason why I chose this format is because it seems reasonable to assume that my misconception is not simply a subjective issue of my own. As a person who normally indulges in fairly superficial and materialistic thoughts, based on a relatively mainstream and ordinary frame of thought, I believe that my misconceptions of Sooyoung Kim's architecture may strike a note with common sentiment towards his work.

In a way, this kind of misunderstanding is inevitable in understanding architecture, the continuum of time and space as a medium of indirect experience. Yet, this type of misunderstanding becomes the basis for dialectical development through the interaction of different views, and at times, acts as a significant motivational engine that secures individual viewpoints. I look forward to my misconception being refined into a general understanding of Sooyoung Kim and to discovering another different and intricate misunderstanding - since communication and conversation start from misunderstandings.

MISUNDERSTANDING #1. The Finelink building is the work of Yoongyoo Jang

It was last March. I visited Paju to take a tour of the work being done in Paju Book City's 2nd complex. In the pale light of the white night, the buildings stood sparsely apart from each other in the desolate and flat plain like night watch towers. As we continued on our tedious tour through the barren land, void of any context, what caught the group's attention was the Finelink building. The building, undergoing its finishing touches was within close walking distance, and the two architects who had accompanied me said:
"Do you know who designed that building?" "Director Yoongyoo Jang of Unsangdong Architects Cooperation." "But... if it was him, why would it be designed like that?" It was strange. Yoongyoo Jang is an architect with a distinctive style of complexity and variety. However, the building before us showed only bleak simplicity. The person who answered the first question was an architect committed to an on-going design project on a near-by site, which made me shrug off my doubts and I leaped to my conclusions about the Finelink building. I turned to leave, dismissing the Finelink building as a misbegotten child born through the unfortunate conflict between Yoongyoo Jang and his client. My disappointment was in the architect rather than the building. We left without even thinking about taking a look inside.

MISUNDERSTANDING #2. 'Extravagant space formation with a low budget' - ludicrous

Two months later in May, Mr. L, an architect acquaintance of mine, sent me 10 pictures of a building via phone message. Looking closely, I could see it was Yoongyoo Jang's Finelink building. But why had L sent me Yoongyoo Jang's work out of the blue? 'The maiden design of Su:mvie Architects director Sooyoung Kim who worked on Alvaro Siza's project at M.A.R.U.'
I was astonished by the caption. Then I finally understood. Yoongyoo Jang, whose name had appeared so randomly in the conversation, was the architect for the sector of the block, and I later found out that Yoongyoo Jang and Sooyoung Kim

were co-designing a building on the opposite side. To sum up, the confusion and misunderstanding of the other architects I had been with had infected me as well. Meanwhile, L visited the site and stimulated curiosity in others by explaining the Finelink building as built with the 'method of choosing appropriate details and practicality, and extravagant spare formation with a low budget.' However, deeply caught in the depths of my prejudice, I evaded interest, wondering 'is it even possible to have a combination of low budget and extravagant space formation?'

In truth, although I knew that the Finelink building was not Jang's design, I could not agree with L's opinion. (Whether it was the smartphone camera's problem or L's photography skills) I could not see the 'appropriate details and extravagant space formation' in the photos. It did not arouse the architectural curiosity that had flickered briefly in front of the Finelink building. However I can admit now that this was a misunderstanding because it is so in line with what Sooyoung Kim later explained to me. Had I been given the blueprint of the building along with the pictures, I would not have rushed to such a rash conclusion.

MISUNDERSTANDING #3.

Sooyoung Kim's architecture is silent

Seen through the photos, Sooyoung Kim's architecture displayed heavy solid blocks in an extremely stringent order. Though not completely classical, it looked as if it was shooting a defensive glare of suspicion towards the randomness and uncertainty of modern architecture. It forms an extremely limited relation with its surroundings while retaining its absolute attitude, fitting to the stern geometry of square planes. The atmosphere of the interior space where light and darkness inter-crosses was deeply withdrawn and embedded a silence that would amplify a visitor's light footsteps into loud echoes.

During my next visit to the Finelink building, I realized that the combination of the fragmented images I saw earlier did not add up to reflect the building's entirety. In particular, the culprit that neutralized my anticipation was the static and dynamic character of the planes. When I describe the Finelink building as being dynamic - the opposite of the static character indicated by the photographs I had seen - I do not refer to the structure or the spectacle that it reveals: as these are properties of modern architecture. The building was dynamic because the spatial structure of each plane was inconsistent and each had a different individual order. The displacement of each floor's centripetal space rendered spaces of different vectors. In addition, it causes disruption to the method of perceiving the whole with transcending planes. The perfectionist homogeneity of four equally sized sides is disrupted from the inside.

In the case of the ground floor, which copes with the traffic of people and materials, the spaces form a layer without a hallway in a structure of hidden and symbolic, functional spaces. On the other hand, the void of the substructure of the second floor ceiling and the area around the pivot of the office interior courtyard displays the cohesion and dispersion of space. The uni-directional slab of beams laid vertically, stresses the unity and depth of the horizontal space. The meticulous 6x6 grid in the work area, built up of modules, link the spatial order of the inside and the form of the exterior into one logical thread. Also, the void that was the central space in the second floor, used as an executive office area, is hidden from the third floor for functional purposes. The 6m grid system leaves only traces of degradation and, covered by other layers, fades away from perception. The spatial direction that continued vertically becomes horizontal due to such composite conditions. As the spaces of different methods accumulate, the centrality of the space is emphasized or diminished by shifting from vertical to·horizontal, and reappears in totally different coordinates. Therefore, you could say that the separate spatial structures of the three floors are apparent, but the integrated experience with layered structures shows a composite figure and dynamics. Actually, I had difficulty placing my coordinates and keeping my sense of direction while moving around the floors of this building comprising a mere three stories. This is the power of space that cannot be noticed by non-continuous fragmented images.

MISUNDERSTANDING #4.
Space expressed by light

Sooyoung Kim positioned the entrance at the inner corner, which is the least accessible. When you step inside the hidden entrance, your eyes that were assimilated to the shiny white building dilate endlessly in the darkness. It took a long time for my dilated eyes to regain a clear vision of my surroundings. That is how dark the lobby was. Unlike a conventional lobby that greets its visitors with a bright atmosphere, this lobby has a different welcoming etiquette. Today's modern architecture seeks light with the ravenous hunger of a bulimic or focuses on the presentation of light. However, the Finelink building expresses space with darkness. This darkness is definitely not a byproduct of insufficient sunlight due to external unresolvable limitations.

I asked Sooyoung Kim what his biggest concern was upon the starting point of the project. Without hesitation, he answered that the most daunting problem was 'how to draw light from the tofu-like, forward-facing surface. How could he draw light through the thick, surface layers from the outside to the inside, from up to down? Sooyoung Kim worked on securing a light well by subtracting volume from a simulated tofu-like bulk. He resolved the light well issue by creating a skylight and courtyard in the superstructure, thus liberating the walls from the harsh demand for light wells. The architect had already set the conditions to achieve a minimal facade. (Minimal facades and darkness appear as a crucial desire of Sooyoung Kim's architecture blurring what the priorities and outputs are) and this darkness appears in several locations in the building. The covered light source- except for the working areas where light is necessary- and the utilization of indirect light feels like a strategy of a whole new dimension to attain glamorous darkness. So scenes of light penetrating dark layers are produced in many different places.

Portentously, as he escorted me out at the end of my tour, the owner said "Isn't this building very dim and dark? He is the one who designed this building." Sooyoung Kim bashfully digested this comment by replying "I like darkness.' To Sooyoung Kim, darkness is not waste produced by light. While light is normally drawn to erase the shadows, Sooyoung Kim controls light to make clouded layers and thereby revealing the existence of darkness. Although he does not go as far as Tanizaki Junichiro's 'In Praise of Shadows,' Sooyoung Kim expresses space with darkness. As mentioned before, the shadowy space dances in the deflection of each surface's central space.

MISUNDERSTANDING #5.
Finelink building is an office building

Architectural design in the Paju Book City clearly has its limits. Tightly drawn architectural boundaries and frames exist in the master plan and designs must abide by the separate guidelines of the sector's architect. Additionally, due to the absence of context in this site refined like a chess board, architects generally hide into the site or immerse themselves in hyper-imagination. Any attempt was likely to be regarded as autism or megalomania. Yet, the program is what architects have to contemplate again after piercing through the hard shell of architecture. The Paju Book City appears to be a cultural facility, but in essence, it is clearly a manufacturing facility within an industrial complex. The reality that it is categorized as a factory by functional purpose, and as a business area in terms of actual usage is the deviation between legality and collective ideals.

I had no prior knowledge of the industry when I first visited Finelink. I merely assumed that it shares the collective characteristics of the publication and visual media industry, and that the building would be used as office space. However Finelink was not a publication company, but a corporation committed to designing and producing POP (Point of Purchase Advertising) It goes beyond the designing and editing processes, and actually manufactures products too. Although it is not conspicuously revealed, such activities and programs are located in the factory on the first floor. The second and third floors do indeed enjoy a new structure and the convenient spatial environment of an office. So what kind of spatial consideration and improvement measures did the architect have for the first floor factory?

I was told that about 40 to 50 mid-aged women gather in the first floor once every week or two for several nights of work. They have to endure a tediously repetitive work process through the night in a closed, hidden environment without any windows. The 'practical method, extravagant spatial formation' in the two upper floors seems like a metaphor existing in a faraway land. Looking at the first layout sketch, the void and skylight of the second and third floors originally reached the ground floor, but for some reason, was later removed. Even in the Su:mvie website, there is not a single image of the factory to be found in the 20 uploaded images, despite the fact that it covers almost half of the entire area of the first floor. This is not a problem unique to Finelink, but a non-cultural aspect shared by the numerous cultural 'factories' of Paju Book City.

MISUNDERSTANDING #6.
Sooyoung Kim admires the architecture of Alvaro Siza

The first thing I did after receiving the request to write on Sooyoung Kim was to go through books on Alvaro Siza. The admiration Korean architects have for Siza is well-known, but in the case of Sooyoung Kim, it is an extreme one. It seems that he mentions 'Alvaro Siza' as much as he uses the unavoidable word 'space' when explaining his architecture. Sooyoung Kim's architecture cannot be explained without including Alvaro Siza. He even went to the extent of registering his own publishing company and rewrote Alvaro Siza's MIZIUM (Amore Pacific Research Center) into *Constructing*, a book that even at a glance seems heavy and expensive.

Alvaro Siza is praised for adding poetic sentiment to the principles and doctrines of modern architecture. He subtly combines tandem configuration and geometric components to create cadence, creating a rhythmic space where light and darkness breathes. Rafael Moneo commented that 'we can discover what is more fundamental, and what is most influential in defining architectural phenomenon.' But Sooyoung Kim's reason for admiring Alvaro Siza is somewhat unexpected. "It is because Siza strictly engages architecture as construction through precise measurements and modules."

This is different from the general interpretation of Alvaro Siza, which understands Siza's architecture conceptually and phenomenally. Sooyoung Kim seems to have expanded on a single characteristic of Siza's architecture at a different level of experience derived from actually working on Siza's project. The modules and preciseness of measurements Sooyoung Kim mentions in describing Alvaro Siza's architecture do not seem to be the 'more fundamental' components that Rafael Moneo explained, but seem to be the mathematical and craftsman's attitude accompanied in the process of exploring and practicing them.

The seventh misunderstanding I had about Sooyoung Kim could actually be Sooyoung Kim's misconception of Alvaro Siza. His study of Siza's main designs was mostly indirectly through blueprints and pictures, but he distrusts the distortion of photos. In the end, the absolute value for Sooyoung Kim in understanding Alvaro Siza is the utterly two-dimensional and undistorted blueprint. He once said that he had memorized all the modules and measurements on Siza's blueprints. So I asked him again. "Is Alvaro Siza's architecture really your favorite architecture?"

MISUNDERSTANDING #7.
Sooyoung Kim is a young architect

What kind of misunderstanding is this? Does this mean he is not a young architect? How could we doubt a person who has been officially recognized with the Young Architect's Award by the Ministry of Sports, Culture and Tourism? No matter how many years older(?) he might be compared to other winners who are in their mid-thirties, he is physically a young architect since he is still under the age of 45. Also, he is still at the beginning phase in his architectural timeline because he only has one finished piece of architecture, the Finelink building.

However, Sooyoung Kim's logical understanding that architecture is about construction, a fact, not a notional object, is unlike other young architects. He claims to be Korea's top expert on waterproofing, insulation, doors and windows. Most young architects tend to equip themselves with experimental ideas and flashy new words. And before that idea takes physical form, they are busy making rash self-conceptualizations and malapropisms, because that is the only way they will be respected as an architect in this shallow society.

Sooyoung Kim's artistic thinking is coarse, but his architecture is mature. His logic is placid while also being reasonable concerning the industry, building site, and conditions. He is not a concept-oriented architect, but a practical architect. Although these two are not mutually exclusive, it is hard for young people to fight the glamour of abstractions. Sooyoung Kim may have the desire for concepts and new ideas, but he maintains his standing firmly. Mr. L's assessment that the Finelink building was 'appropriate in detail and practical methods, an extravagant space formation with a low budget' is a natural result by 'the experience and effort of a seasoned architect who supervised the site.' In that aspect, Sooyoung Kim already seems to be a veteran architect.

I am not certain if I can still try to understand the seven misconceptions I had about Sooyoung Kim. In some parts, some understandings may have turned into misunderstandings. But that doesn't seem as important anymore. What is more important is that facts about Sooyoung Kim become clearer and the discourse becomes richer when you stand in front Kim's building and scan it vertically and horizontally. Whether this statement is right or wrong, it becomes another opportunity to re-consider Sooyoung Kim's architecture.

Sungjin Park is an architecture journalist and is currently the acting editor in chief of the monthly <SPACE>magazine. He has studied architectural history & theory at Kookmin University, the Korea National University of Art, and Universidad Politécnica de Madrid, and was a researcher at the National Trust for Cultural Heritage and the Hope Institute. He has authored <Modernscape> (Ire, 2009) and <Once Some Day, Spain> (Seedpaper, 2012), co-authored <Tears of the Palace, Silence of a Millenia> (Hyohyung, 2009), and edited <House Plus Life> (Heureum, 2013).

SANGJOON KWAK

+

SOJUNG LEE

=

(OBBA)

곽상준
이소정 + = OBBA

2012년에 사무실을 시작했다. 다중적 의미로서의 경계에 관심을 가지고 있으며, 그 속에서 사고와 활동의 범위을 확장시키며 다양한 시도를 하고자 노력하고 있다. 이소정은 2002년 이화여자대학교를 졸업하고, 펜실베이니아대학교에서 수학했다. 이후 네덜란드의 OMA 및 매스스터디스에서 여러 지역의 다양한 프로젝트를 진행했다. 서울대학교 및 홍익대학교에 출강했으며, 현재는 연세대학교에서 강의하고 있다. 곽상준은 2006년 연세대학교 건축공학과를 졸업하고, 스페이스연과 매스스터디스에서 다양한 프로젝트를 경험한 뒤, 이소정과 함께 OBBA를 운영하며, 홍익대학교에 출강 중이다.

SANGJOON KWAK + SOJUNG LEE

곽상준 + 이소정

= OBBA

OBBA (Office for Beyond Boundaries Architecture) was founded in 2012. The office experiments widely to expand the extent of its thought and activities, based on its core interest in boundaries with multiple meanings. Sojung Lee graduated from Ewha Womans University in 2002, and studied at the University of Pennsylvania. Following her studies, she participated in a wide range of projects in multiple regions such as OMA (Office for Metropolitan Architecture) of the Netherlands and Mass Studies of South Korea. She has previously lectured at Seoul National University and Hongik University, and currently teaches at Yonsei University. Sangjoon Kwak graduated from the Department of Architecture at Yonsei University in 2006, and built his career while working on various projects at Space YEON Architects and Mass Studies. Currently, he is joint principal of OBBA with Sojung Lee and also teaches at Hongik University.

Boundary
Perspective
Perception
Field
Context
Condition
Variable
Logic
Categorize
Combination
Matrix
Multiple
Multidisciplinary
Unpredictable
Undefined
Flexibility
Representation
Complexity
Program
Public

= OBBA

PROJECT
BEYOND THE SCREEN

P.94—P.111

프로젝트
비욘드 더 스크린

1

2

3

4

5

6

7

8

9

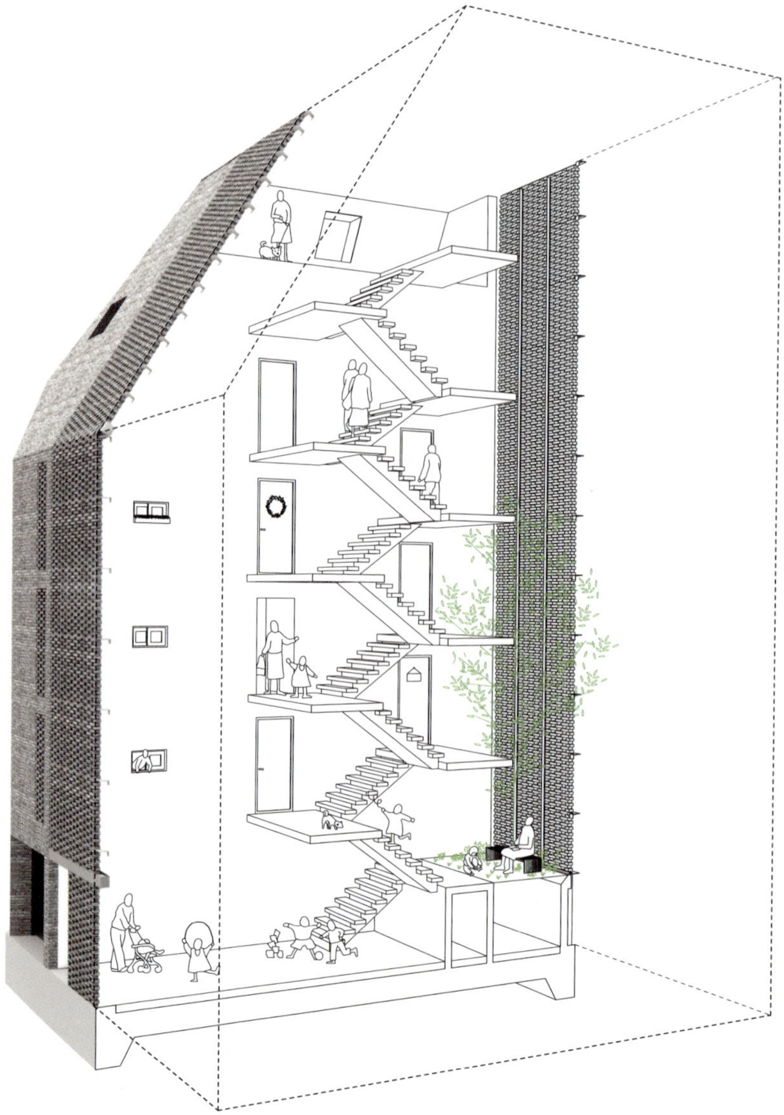

10

11

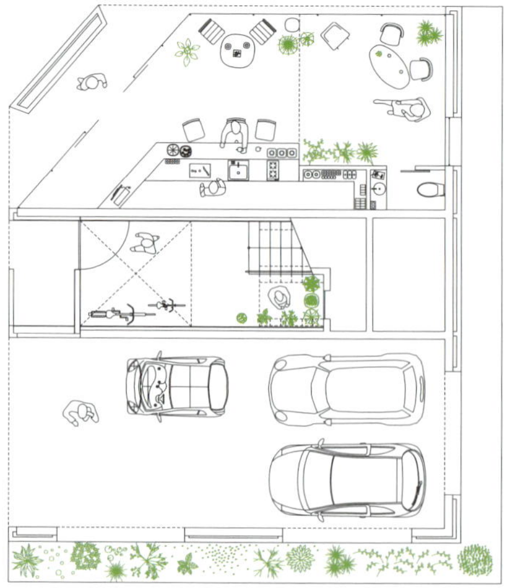

12

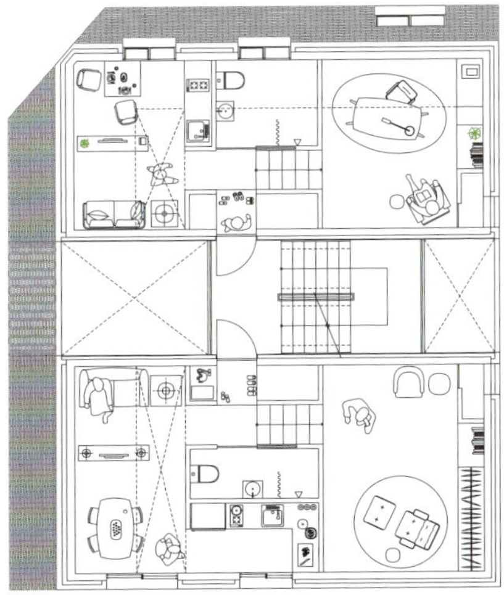

13

비욘드 더 스크린

오래된 다세대주택들과 신축 빌라가 밀집해 있는 강서구 내발산동의 주거 밀집지역에 자리한 다세대주택이다. 건축주는 임대수익을 올릴 수 있는 다세대주택 설계를 의뢰했다. 우리는 프로젝트를 진행하면서 철거 전 공실로 남아 있는 건물을 임시 설계사무실로 사용하면서 대지가 있는 동네를 면밀히 관찰하는 독특한 경험을 하며 작업을 진행할 수 있었다. 프로젝트는 기존 다세대주택들을 조사하고 문제점을 고찰하는 것부터 시작했다.

다세대주택은 아파트, 단독주택에 이어 한국의 도시 주거 유형 중 세 번째로 많은 유형임에도 불구하고, 개발업자들의 경제적 이익 추구와 서민들의 자가 소유 욕구가 부합해 법의 규제 안에서 최대한의 면적을 확보하며 싸고 빠르게 짓자 식의 양적 성장에만 치중해 왔다. 그 결과, 물리적 환경의 질과 건축적 완성도는 별다른 발전 없이 그대로 머무르고 있는 것이 현실이다.

우리는 작지만 풍요로운 공간과 삶을 제공하는 다세대주택을 짓겠다는 목표를 가지고 작업했다. 건축주와 사용자 그리고 도시미관 측면 등 모두를 만족시킬 수 있는 공간을 만들고자 했다.

북측의 6m 도로와 서측의 4m 도로가 만나는 코너에 자리한 이 건물은 정북 일조사선제한과 도로사선에 의해 생기는 법률적인 한계선에 의해 자연스럽게 형태가 정해졌다. 겉으로 보기에는 하나의 볼륨처럼 보이나, 실제로는 두 개의 매스가 외부계단에 의해 연결되어 있는 H자 형 평면으로 동서 방향으로는 스킵플로어 구조를 취하고 있다. 1층에는 근린생활 시설과 필로티 주차장이, 2층에서 5층까지는 크기와 형태가 다른 총 14세대가 들어간다.

기존의 다세대주택이 가지고 있는 전형적인 평면 구성에서 벗어나, 스킵플로어 구조를 취함으로써 복도가 아닌 각각의 계단참에서 바로 세대 진입이 가능하게 하는 새로운 유형을 제시하고자 했다. 이로 인해 불필요한 공용공간을 줄이고 전용면적을 극대화할 수 있었으며, 또한 벽돌의 비워쌓기 방식을 중정 공간뿐만 아니라 인접 건물과 접한 입면, 그리고 설비 시설이 계획되는 곳곳에 적용해 기능적인 부분은 물론 심미적인 부분까지도 모두 만족시킬 수 있도록 했다.

어두침침한 복도를 지나 세대로 진입하는 것이 아닌 계절과 시간의 흐름에 따라 빛과 바람에 의해 다양한 표정이 연출되는 중정 공간을 통해 각 세대로 진입하는 경험을 가지도록 했다. 또한 각 세대는 모두 삼면에 개구부가 생겨 적극적인 자연 환기가 가능하며, 벽돌 스크린은 외부의 시선으로부터 입주민의 사생활을 보호하는 역할을 한다.

수익성과 좋은 디자인을 요구한 건축주의 요구 또한 충족시킬 수 있었다. 도시미관적 측면에서는 추후에 일어날 수 있는 상황들을 미리 예측해 초기 계획 단계에서 충분히 반영해 설계함으로써, 무분별한 설비시설의 노출과 건물의 형태가 확장 변질되는 사항들을 막고 인근 주민으로 하여금 아름다운 건물에 대한 관심을 불러일으킬 수 있게 되었다.

1 6m 도로와 4m 도로가 만나는 북서쪽 코너에 자리한 이 주택은 독특한 입면으로 주민들의 호기심을 자극한다.

2 서측 입면에 적용된 벽돌의 비워쌓기 덕에 채광을 확보하고 입주민들은 사생활을 보호할 수 있게 되었다. 또한 각종 설비 시설들의 노출을 막아 주면서도 본연의 기능을 수행할 수 있도록 도와 주는 역할을 한다.

3 주차장 벽면의 백색, 건물의 입면과 바닥의 회색톤 그리고 주차장 천장과 창호의 짙은 톤은 절제된 조합으로 통일성을 준다.

4 회색톤의 고벽돌은 인접한 다세대주택의 오래된 적색 벽돌과 빛바랜 초록의 기와와 함께 거리를 차분히 정제시켜 준다.

5 현관문을 열고 들어서면 외부와는 대조적인 백색의 중정 공간이 벽돌 사이로 햇살을 들이며 입주민들을 밝게 맞이한다.

6 스킵플로어 형태로 구성된 각 세대는 중정에 위치한 외부 계단의 참에서 각 세대로 바로 진입한다.

7 중정 입면에 적용된 벽돌 스크린은 복잡한 주위 환경은 가려 주면서, 계절과 시간의 변화에 따라 드리우는 그림자는 다양한 표정을 연출한다.

8 입주자들은 비워쌓기를 이용한 벽돌 스크린 사이로 드리워지는 따뜻한 햇살을 맞으며 세대로 진입하게 된다.

9 복층형으로 구성된 5층의 세대는 각종 법규에 의해 사선으로 이루어진 비정형의 공간에서 작지만 풍요로운 공간감을 느끼게 된다.

10 겉으로 보기에는 하나의 볼륨처럼 보이나 실제로는 두 개의 매스가 외부 계단에 의해 연결되는 H자 형 평면이며 동서방향으로는 스킵플로어 구조를 취하고 있다.

11 크기와 형태가 다른 14세대가 반 층씩 어긋나게 구성되며 최상층에는 복층형 세대가 위치한다.

12 1층 평면도(위), 기준층 평면도(아래). 2층부터 4층까지는 스튜디오 타입과 원베드 타입으로 구성되어 있다.

13 기준층 평면도(위), 옥상 평면도 (아래). 5층은 복층형 세대 2가구로 구성되며, 옥상에는 입주민들이 사용할 수 있는 옥상정원이 있다.

위치
서울 강서구 내발산동
용도
다세대주택, 근린생활시설
대지면적
215.00㎡
건축면적
128.08㎡
연면적
427.24㎡
건폐율
59.57%
용적률
198.72%
규모
지상5층
구조
철근콘크리트 구조
주요마감
벽돌, 드라이비트
설계기간
2012. 6–2012. 8
공사기간
2012. 9–2013. 3
설계
OBBA(이소정 & 곽상준)
구조
터구조(박병순)
전기 · 기계
원우엔지니어링
시공
이인시각
사진
신경섭

BEYOND THE SCREEN

This building is in the densely residential urban area of Naebalsan-dong, Gangseo-gu, where old multiple-household homes and new villas are mixed and concentrated. The building owner asked us to plan a multi-housing facility to generate lease revenues. We had the unique experience of using a vacant building waiting for demolition as our temporary design office. So we leveraged this experience to closely observe the neighborhood where this site is located and investigate and examine the issues of existing multiplex homes, as a starting point for this project.

Multi-household housing is the third largest urban residential type following apartment buildings and detached housing. Nevertheless, quantitative growth seems to be the main intention behind the design of these buildings. These facilities have been built quickly and cheaply by securing the maximum amount of space allowable under the current legal regulatory framework. Of course, this phenomenon stems from the pursuit of economic gains by the developers, as well as the general desire to own your own homes. This practice does not help make any headway, with the quality of the physical environment and architectural completeness failing to keep up with this expansion.

The goal of granting people with abundant space and life gave birth to this building, although it is small in size. The aim of this project is to create a space accommodating various different perspectives; including those of its users, the owner and urban aesthetics.

This building, which is placed in the corner where a 6m-road in the north and a 4m-road in the south meet, has its form naturally defined by the statutory limit line formed by the northward architectural slant line for daylight and road width regulations. At a glance, it is appears as if it is a single volume. But it is actually an H-shaped flat composition where the outdoor staircase joins two masses. It is a skip-floor structure when seen from east to west. There are neighborhood living quarters and a pilotis parking lot on the first floor and a total of 14 households of varying sizes and forms on the second, third, fourth and fifth floors.

We opted for a skip-floor structure instead of the conventional flat composition found in existing multi-household houses. This is a new value proposition that makes it possible to directly access households from each stair landing, instead of a corridor. This arrangement allows a maximum area for exclusive use by minimizing unnecessary communal space. In addition, the style of piling up brick stones leaving some spaces empty was not only applied to the courtyard but the front side of the building adjacent to neighboring buildings and spots where some facilities are planned, to fulfill both the functional and aesthetic aspects of the building.

By taking this approach, users can have the experience of accessing each household through a courtyard space with diverse facets created by different seasons and times and by light and wind, instead of entering each household through a dark corridor. At the same time, each household has its own three openings that allows for natural ventilation. Also this brick-stone screen provides protection of privacy from outside attention. Furthermore, both profitability and design satisfaction can be achieved from the owner's perspective. Finally, from an urban aesthetic viewpoint, it can prevent the indiscriminate exposure of facilities and arbitrary expansions and changes of the building, while raising neighboring residents' interest in a beautiful building. We made this possible by forecasting future events in advance and making the design fully reflect them in an initial planning stage.

1 The building sits at the north-west corner of a 6m road and a 4m road, sparking the interest of the local residents with its unique façade.
2 The staggered stacking of bricks on the western façade allows for natural light and privacy, while allowing easier functioning for the discreetly concealed utilities within.
3 The white of the garage wall, the grey tones of the façade and the floor, and the darker tones of the garage ceiling, windows and doors are moderately combined to form a coherent whole.
4 The grey antiquated bricks are in harmony with the old red brick and faded green slate roofs of the nearby multiple housing lots, calmly refining the atmosphere of the street.
5 A white courtyard space cheerfully greets those entering the front door. This space contrasts with the exterior, allowing sunlight to enter pleasantly through the brick screen.
6 Each unit is composed of a skip floor allowing for a direct entrance into each unit from the outdoor stair landings in the courtyard.
7 The brick screen applied to the façade of the courtyard filters out the crowded street scenery, choreographing different atmospheres with transformations of the shadows according to changes in the seasons and daylight.
8 The residents enter each unit under the warm sunlight that filters through the staggered brick screen.
9 The fifth floor that houses a two-storied unit exudes a sense of plentiful space despite being small in size, due to its irregular diagonal form a result of various site regulations.
10 The outer appearance is a single mass; however, it is actually two masses bridged by a external central stairwell, forming an H-shaped plan, with a skipped floor structure from the east to west.
11 The 14 units are all varied in size and form: half a floor staggers each unit, concluding with a two-storied unit on the final floor.
12 First floor (top), typical floor (bottom). The second, third and fourth floor is composed of one bedroom apartments and studios.
13 The fifth floor is composed of two two-storied housing units, and the roof features a garden for the residents.

Location
Naebalsan-dong, Gangseo-gu, Seoul, Korea
Use
residential (a multi-household home), commercial
Site area
215.00m^2
Building area
128.08m^2
Gross area
427.24m^2
Building coverage ratio
59.57% (statutory maximum 60%)
Floor area ratio
198.72% (statutory maximum 200%)
Stories
5 ground floors
Structure
reinforced concrete structure
Main finish
brickstone, drivit
Design period
Jun 2012-Aug 2012
Construction period
Sep 2012-Mar 2013
Architects
OBBA (Sojung Lee & Sangjoon Kwak)
Structural engineer
THEKUJO (Byungsoon Park)
Electric/mechanical engineer
Wonwoo Engineering
Construction
YIINSIGAK
Photos
Kyungsub Shin

PROJECT
ONE TO THREE, THREE TO ONE

프로젝트
따로 또 같이

P.112—P.129

1

2

3

4

5

6

7

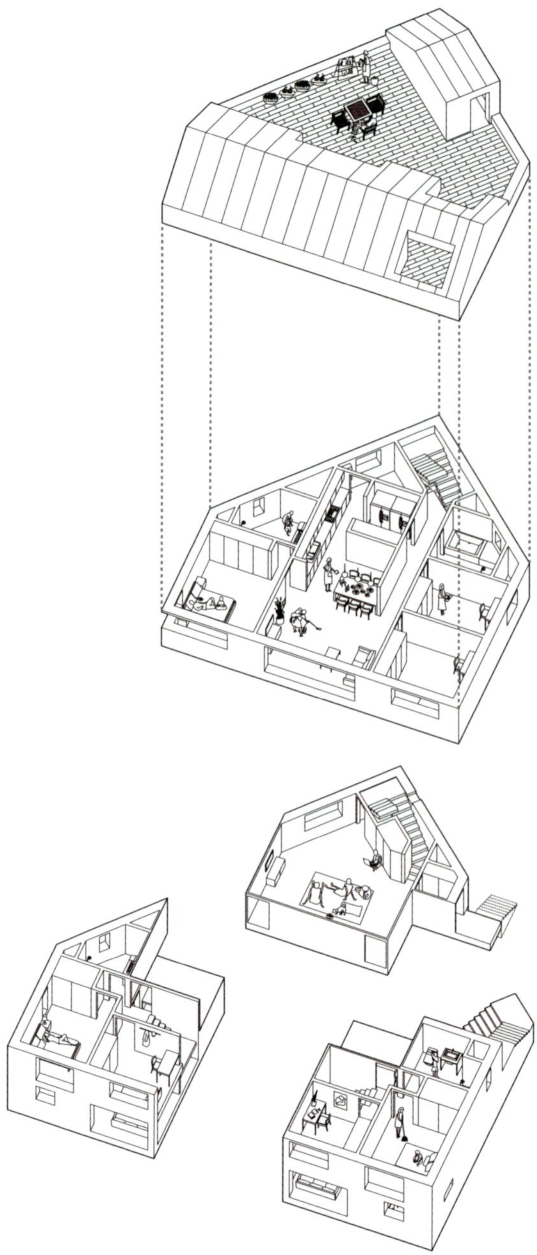

8

9

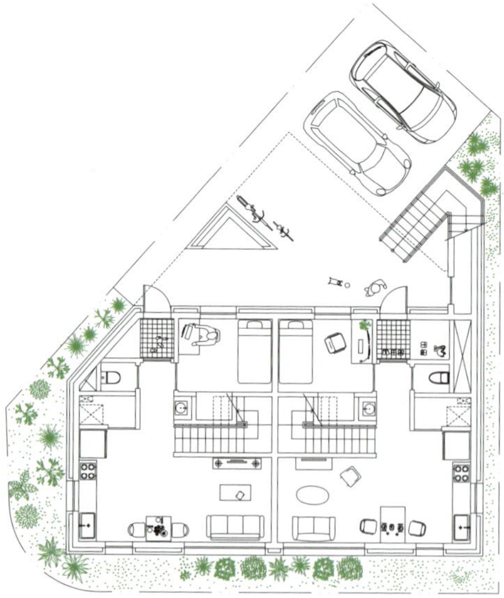

10

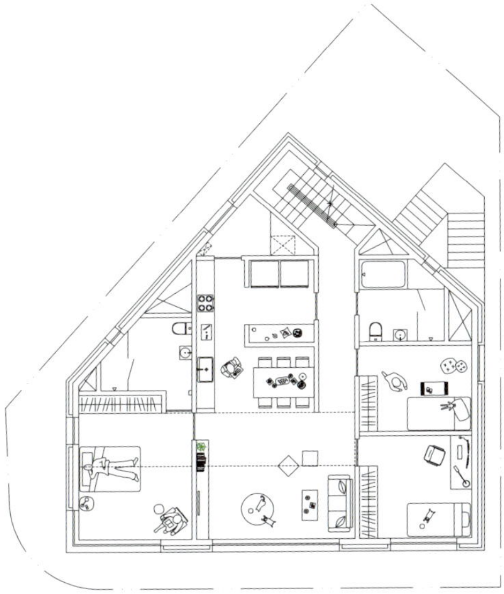

11

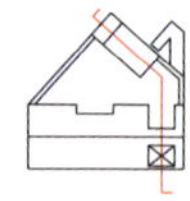

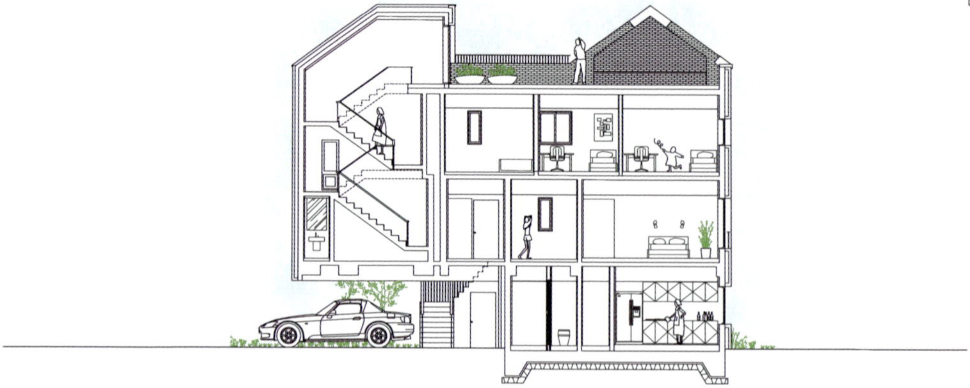

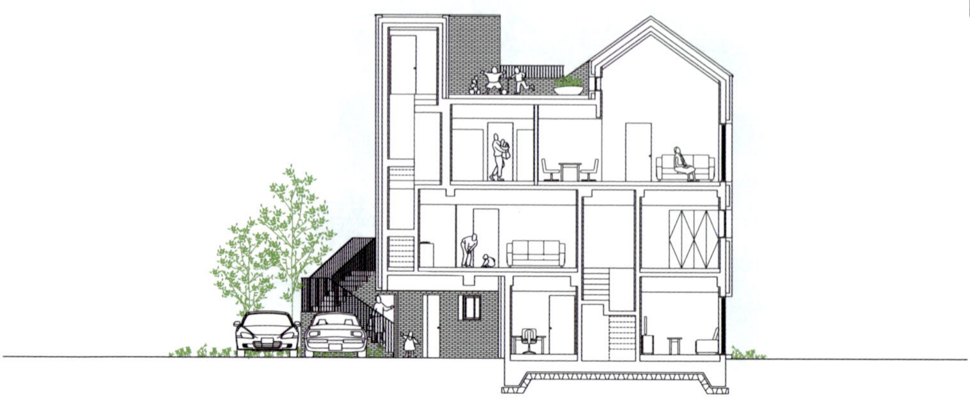

12

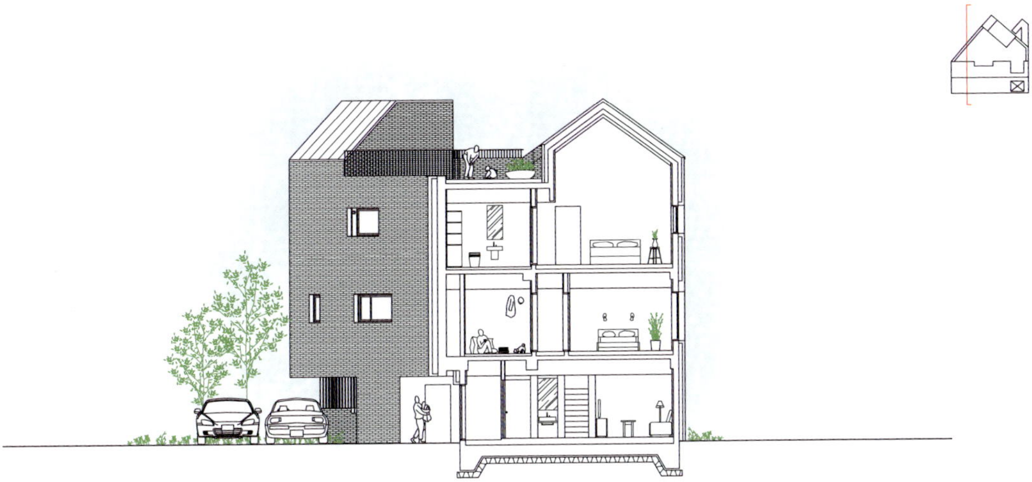

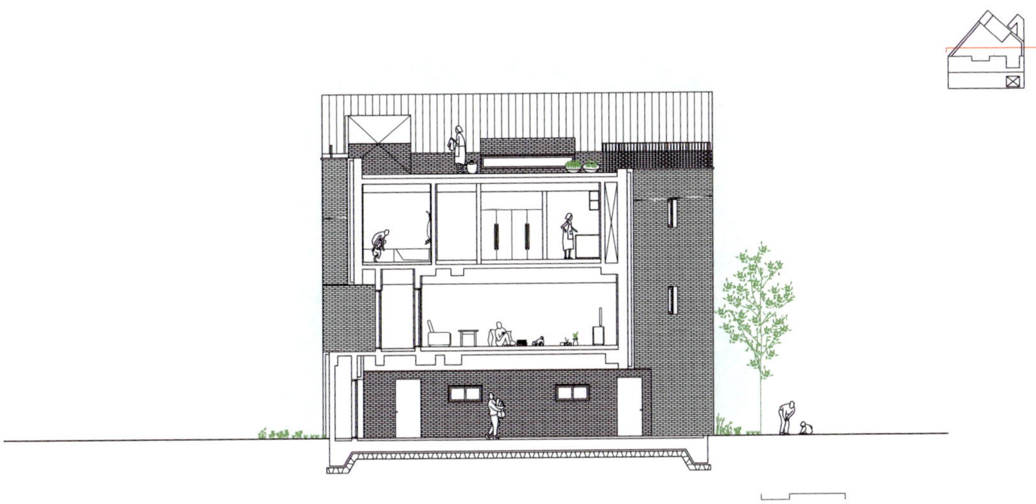

13

따로 또 같이

3층 규모의 3세대를 위한 다가구주택이다. 고등학생 자녀 둘을 두고 있는 건축주는 향후 자녀들이 가정을 이루면 이곳에 함께 모여 살고 싶다는 바람을 이야기했다. 아직은 자녀들이 어리기에 자녀들과 최상층에 거주하고 나머지 2세대는 임대를 위한 것으로 계획할 것을 요구하였다.

임대를 주는 동안에는 세 가구가 철저히 분리되고 프라이버시가 존중되어야 한다. 하지만 자녀들이 성장해 함께 살게 되었을 때에는 각 세대가 자신만의 영역을 가지면서도 전체가 한 집으로 작동되어야 한다는 두 개의 상충 조건을 만족시켜야 했다. 얼마나 효율적이고 합리적인 방법으로 풀어 낼 수 있을까 연구했다. 단순히 건축주의 요구 조건들을 충실히 만족시키는 것을 넘어서 이 집에서 살게 될 사람들의 삶의 질에 대한 고민과 이를 공간적으로 해결하기 위한 노력들, 즉 건축주와 건축가가 서로의 이야기를 듣고 말하며 마침내 하나의 완성된 이야기를 만들어 나가듯 설계는 진행되었다.

대지는 청계산 입구 자락으로 산과 이웃한 단정한 단독주택들과 함께 서울 도심에서는 보기 드문 풍경을 지닌 땅이다. 강남에서 10여 분 거리에 있어서 답답한 도심생활과 아파트 생활에 싫증이 난 이들에게 대안을 제시한다.

대지는 228㎡의 삼각형 형태로 남쪽과 서쪽에 있는 두 개의 6m 도로가 예각으로 만나는 코너에 있어 다소 제한된 조건을 갖고 있다. 그러나 보행로에서 바로 마주하게 되는 코너에 있다는 점은 인지성을 생각한다면 오히려 장점이 된다. 각 세대의 효율적인 공간 구성 및 채광을 위해, 각 세대들은 최대한 남측으로 전면 배치하고, 북서쪽 도로와 만나는 곳에 주차장을 배치했다.

복층형인 두 매스 위에 한 개의 큰 매스를 얹어 전체가 한 덩어리가 되도록 했다. 이렇게 함으로써 2층에는 세 가구를 연결하는 사이공간의 관입이 가능해졌다. 이 사이공간은 손님용 거실 및 다실로 이용하고 있으며 향후 온 가족이 모여 살게 될 때에도 큰 구조 변경 없이 모든 세대 내부에서 바로 접근이 가능하게 해 모두가 공유하는 열린 공간으로 작동할 수 있도록 했다.

아래 두 세대를 25평 규모의 복층형으로 계획해, 세대 간의 층간 소음으로 인해 자칫 프라이버시가 침해될 수 있는 요인들로부터 자유로워질 수 있게 하였다. 이와 같은 점들은 보금자리주택지구라는 지리적 요건과 함께 주 수요층인 신혼부부 혹은 어린아이를 둔 젊은 부부에게 큰 장점으로 다가갈 수 있다.

1 단지에 접근하는 보행로에서 처음 마주하는 곳에 자리한다. 채광을 고려해, 각 세대의 개구부는 남쪽에 배치했다.
2 각 세대는 독립적인 출입구를 가진다. 3층 세대는 외부에 따로 나 있는 계단을 지나 2층에 있는 다실 공간을 통해 진입한다.
3 옥상에는 청계산을 바라보며 가족 활동을 할 수 있는 옥상정원을 계획했다.
4 3층 거실은 박공 형태의 높은 층고로 구성하고 남측으로는 외부 전망을 위한 큰 창호를, 북측으로는 옥상과 시선이 교차하는 작은 창호를 계획했다.
5 기능에 따라 배치된 내부 공간은 입면에 다양한 형태로 드러난다.
6 남측의 정적인 입면과 대조적으로 북서측 입면은 역동적인 공간 구성을 드러낸다.
7 남측의 차분하고 안정적인 입면과는 대조적으로 북측에서는 상부 볼륨이 캔틸레버 구조로 떠 있는 역동적인 형태를 취하고 있다.
8 아랫부분을 구성하는 두 개의 매스 위에 하나의 매스를 얹고 전체적으로는 한덩어리로 보이도록 계획했다.
9 복층으로 구성된 1, 2층에는 두 세대가 있고 3층에는 한 세대가 있다. 2층 다실은 세 유닛을 엮어 주는 사이공간이다.
10 1층 평면도(위), 2층 평면도(아래). 1–2층은 복층형으로 된 두 세대로 구성되며, 2층은 각각의 세대를 하나로 엮어 줄 수 있는 다실이 위치한다.
11 3층 평면도(위), 옥상 평면도(아래). 최상층에 위치한 3층 세대는 실의 성격에 따라 높은 층고를 가지며, 다양한 공간을 연출한다.
12 단면도. 각각의 3세대는 수직적, 수평적으로 다양한 관계를 맺으며 전체의 공간을 구성한다.
13 단면도. 내부 공간 구성에 따라 건물은 다양한 단면적 성격을 갖는다.

위치
서울시 서초구 내곡지구
용도
다가구주택
대지면적
228.00㎡
건축면적
136.52㎡
연면적
322.92㎡
건폐율
59.88%
용적률
141.68%
규모
지상 3층
구조
철근콘크리트 구조
주요마감
벽돌, 징크
설계기간
2014. 3–2014. 9
공사기간
2014. 11 착공
설계
OBBA(이소정 & 곽상준)
설계담당
김다애, 김재호, 최석
구조
터구조(박병순)
전기 · 기계
아이에코엔지니어링
사진
신경섭

ONE TO THREE, THREE TO ONE

This building is a three-storey multiple dwelling for three households. The owner is the parent of two high-school age children and he hopes that they will continue to live with him after they have their own families. For now, as they are still young he wants them to live on the same floor at the top of the building for the time being and lease the two remaining floors. But the beginning of this project was listening to his dream of living with his children's families in the future.

As such, this project was centered on how we can effectively and reasonably answer the question of 'respecting privacy and strictly separating three households during the lease period while making the building serve as a single house that allows privacy to each household when his children's families live together'. This job required more than just faithfully meeting the two conflicting requirements outlined above. It involved our thoughts on the quality of living for the residents here and the efforts to spatially address this concern. The design was the result of having the owner and the architect talk to each other and in the end, this conversation created a complete story.

The site where this building will be located is near the entrance of Mt. Cheonggyesan. The mountains and neat detached houses provide a panorama rarely found in downtown Seoul. It is an alternative to those who are weary of urban life and living in apartment buildings, as it is only 10 minutes from busy Gangnam area.

This venue is a $228m^2$ sized triangle-shaped plot, located in a corner where two 6m-roads in the South and the West converge in an acute angle. So the conditions are somewhat limited. Yet it is in the corner directly facing a pedestrian passage, which makes it easily recognizable for people. For the sake of efficient spatial arrangement and natural lighting, households are placed on the front of the south as much as possible and parking entry is planned on the spot where it meets a northwest-side road.

In general, the building is a structure of one huge mass put on top of two duplex-type masses. This combined structure allows penetration of in-between spaces for the three households located on the second floor. This space is currently used as a guest living room and a teahouse. Also direct access indoors is possible for all households without any need to fundamentally make changes to the building structure where all families live together in the future. As such, it was planned as an open space to be shared by all.

The two households below were planned as a $83m^2$ sized duplex type to mark them unaffected by size limitations as well as soundproofing the floors. Geographically speaking, it is situated in the Bogeumjari housing complex. These conditions, in combination, may make it attractive for its main customer base of newlyweds or young couples with young children.

1 The building comes into view as soon as one emerges from the pathway within the residential lot. To maximize the amount of natural light, open sides were designated towards the south.

2 Each unit has an independent exit. An external stairwell which starts from the utility room on the second floor, allows access to the third floor unit.

3 The rooftop floor faces Cheonggye mountain, and a rooftop garden was designed to host various family activities.

4 The third floor living room has a high ceiling with a gable roof, with south facing windows for natural ventilation, and views from the northern windows opening out onto the rooftop.

5 Each internal space was assigned a place according to its function, and the façade reveals the function of each of the spaces within.

6 In contrast to the tranquil southern façade, the north-west façade reveals the dynamic spatial composition within.

7 In contrast to the calm and stable southern façade, the northern side has a dynamic form with its upper mass elevated with a cantilever structure.

8 The whole building appears as a single volume, yet, the lower floors are divided into two, with a single mass sitting on top.

9 The building is composed of two units on the first and second floor, and one unit on the third floor, while the utilities room on the second floor exists as an in-between space to tie together the three units.

10 First floor (top), second floor (bottom). The first and second floors house two two-storied units, and a utility room is located on the second floor to tie together each of the units.

11 Third floor (top), rooftop floor (bottom). The third floor unit on the highest floor features high ceilings fitting to its flexibly changing program.

12 Each of the three units exists in various vertical and horizontal relations to one another to compose the overall space.

13 According to the composition of the internal space, the building features various cross-sectional characteristics.

Location
Naegok district, Seocho-gu, Seoul, Korea
Use
housing facility (multi-household housing)
Site area
228.00m^2
Building area
136.52m^2
Gross area
322.92m^2
Building coverage ratio
59.88% (statutory maximum 60%)
Floor area ratio
141.68% (statutory maximum 150%)
Stories
3 ground floors
Structure
reinforced concrete structure
Main finish
brickstone, zinc
Design period
Mar 2014-Sep 2014
Construction period
slated to break ground in Nov 2014
Architects
OBBA (Sojung Lee & Sangjoon Kwak)
Design team
Daae Kim, Jaeho Kim, Seok Choi
Structural engineer
THEKUJO (Byungsoon Park)
Electric/mechanical engineer
IECO Engineering
Photos
Kyungsub Shin

PROJECT
OPEN & CLOSED

P.130—P.145

프로젝트
오픈 앤 클로즈드

1

2

3

4

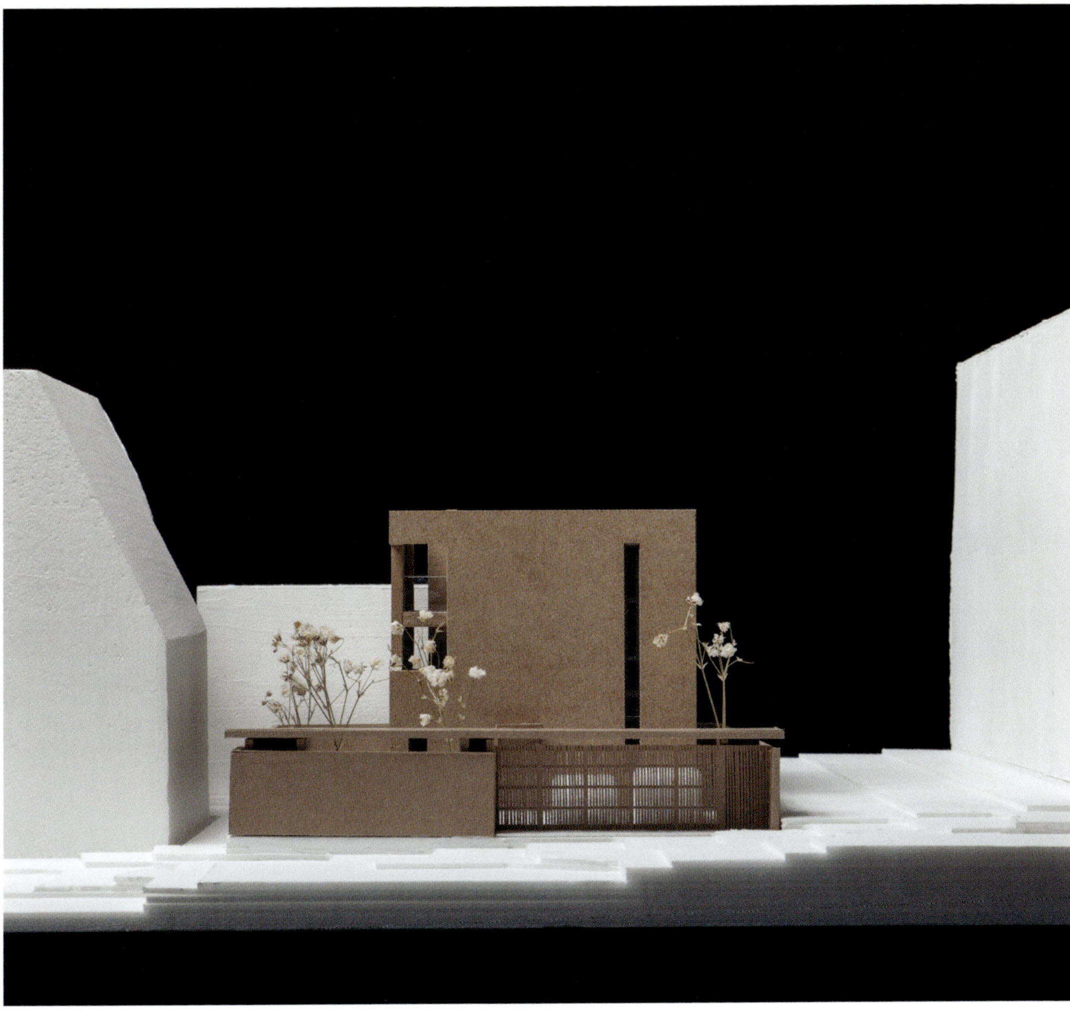

5

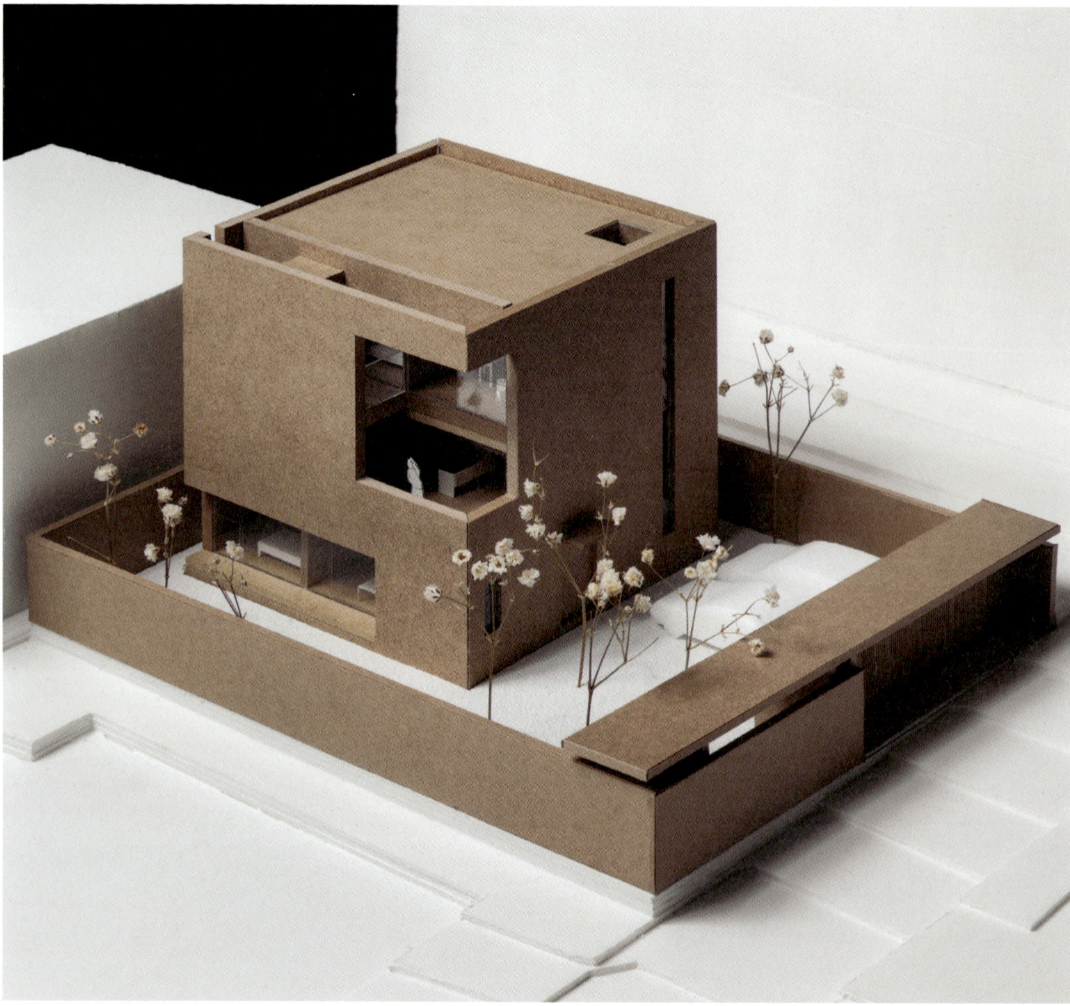

6

7

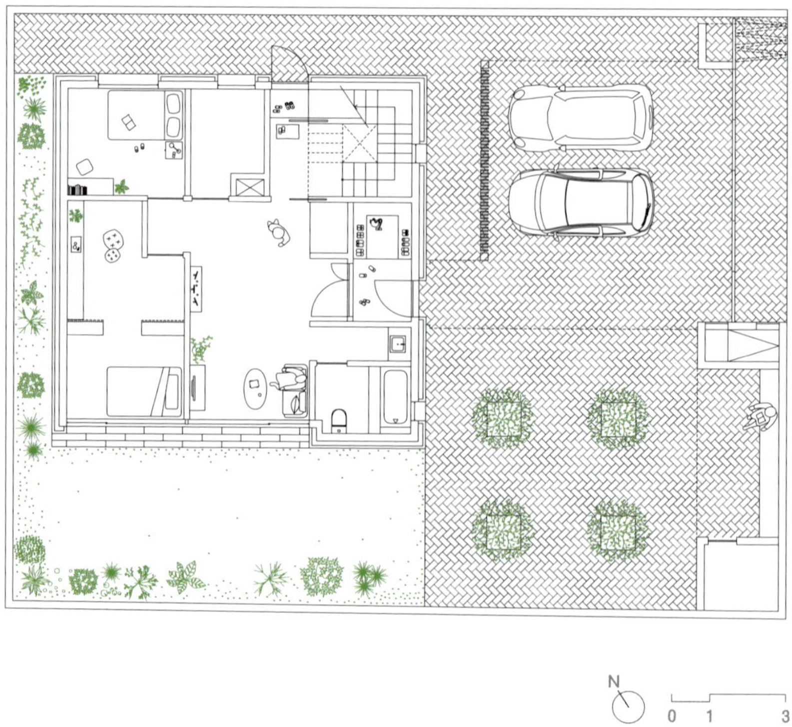

8

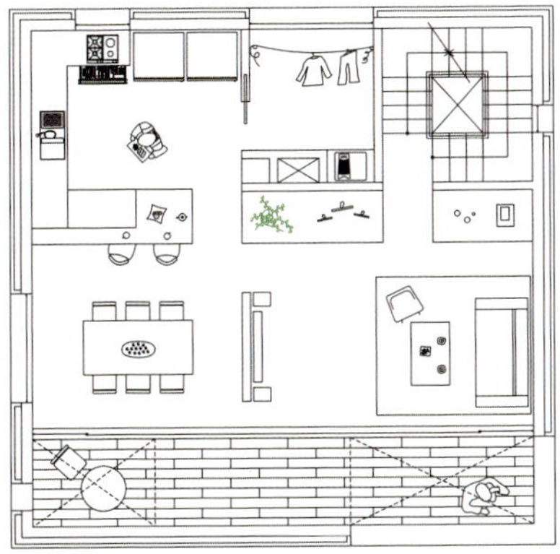

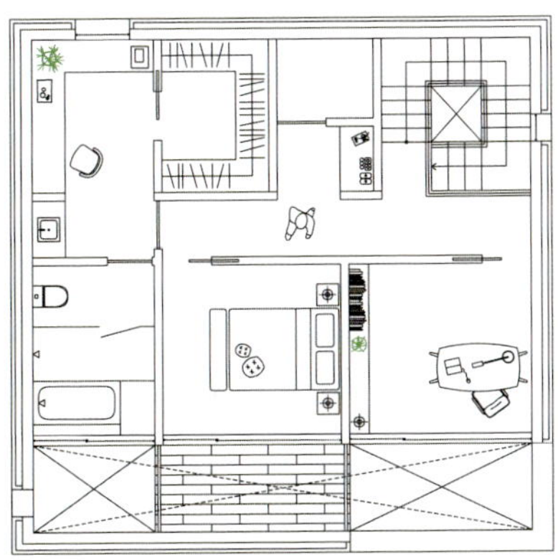

9

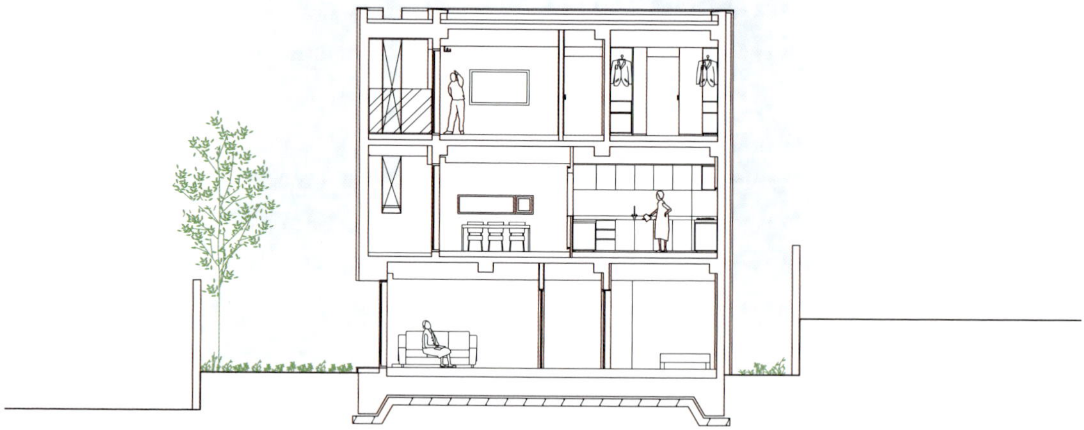

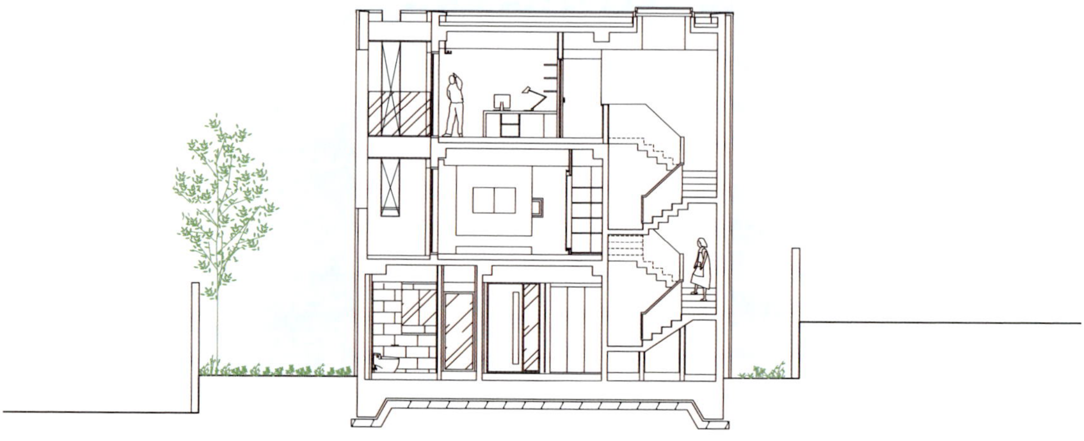

10

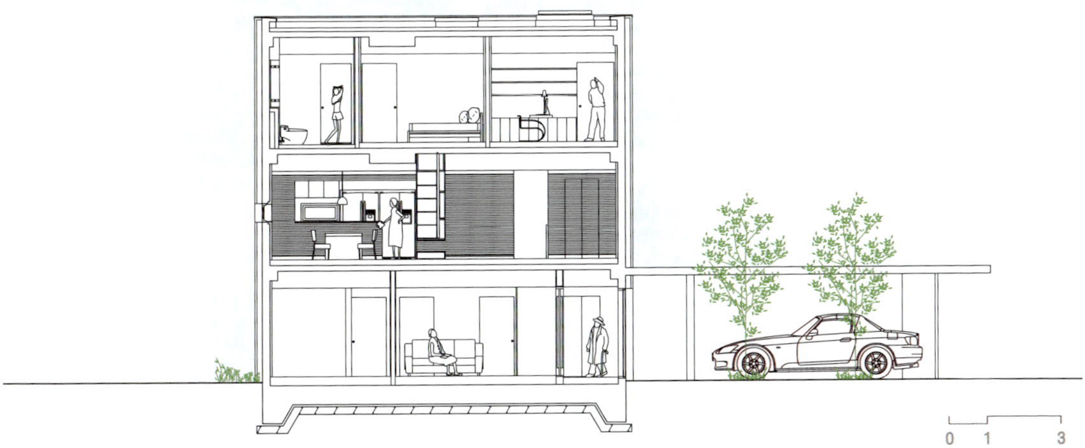

11

오픈 앤 클로즈드

예전에는 단독주택들이 많았으나, 현재는 임대를 목적으로 한 다세대주택들이 주를 이루고 있는 강남구 역삼동 중심에 계획된 3층 규모의 단독주택이다. 건축주는 평생을 여기에서 살아오시고 이곳을 떠나지 않으시려는 어머님의 뜻을 받들어 노후된 주택을 철거하고 가족이 함께 살 수 있는 단독주택을 의뢰했다.

집을 완성하는 것이 마치 여러 사람의 이야기를 잘 조율해서 하나의 완결된 이야기를 만들어 내는 것과 마찬가지인 것처럼, 이번 프로젝트 역시 건축주의 이야기를 듣는 것에서 시작했다. 건축주의 이야기는 짧고 간결하면서도 명확했다. 아들 세대와 어머님 세대 간의 프라이버시가 확보되어야 하며 병환 중이신 어머님을 고려해 설계해 달라는 것이었다. 건축주와의 대화를 통해 앞으로의 생활이 유동적일 수 있다는 점에 착안해, 향후 공간 활용이 다양하게 변화될 수 있도록 계획했다. 또한 사방이 4~5층 정도 규모의 다세대 주택으로 둘러싸여 있어 프라이버시와 채광에 다소 제한된 곳이어서 이러한 제한 조건들을 어떻게 극복할 수 있는지를 고민했다.

주택은 크게 1층 어머님 공간과 2층의 공용 공간, 그리고 3층의 아들 세대 공간으로 구분된다. 1층에 충분한 정원 공간을 마련하기 위해 건물을 최대한 대지의 북서쪽 코너에 배치해 건물이 차지하는 바닥면적을 줄이면서도 적절한 높이를 확보했다. 남측 대지경계선으로부터 충분한 이격거리를 두어 채광이 원활할 수 있게 했다.

1층에는 어머님과 간병인 그리고 손님 공간을 배치하고, 정원은 어머님이 다니시며 편안한 휴식을 취할 수 있는 배회 공간이 되도록 했다. 밤늦게 퇴근하는 아들 내외 때문에 어머님의 휴식이 방해받지 않도록, 1층의 주 공간을 통하지 않고도 2, 3층으로 바로 올라갈 수 있는 보조 현관을 두었다. 2층에는 어머님과 아들 내외의 공용공간인 거실과 주방 및 식당을 계획했다. 2층의 거실에서는 1층의 정원에 바로 접근하지 못하는 점을 고려해 남측으로 하늘이 열린 테라스 공간을 계획했다. 3층에는 아들 부부의 침실, 드레스 룸, 서재 등을 배치했다. 수직적으로 두 개의 사적인 공간 사이에 공용공간을 계획해 두 공간을 이어 주면서도 동시에 완충 공간이 되도록 했다.

프라이버시를 고려해 입면의 개구부가 외부에 그대로 노출되지 않도록 더블 레이어로 계획했다. 외부로부터의 시선은 차단하고, 충분한 채광과 내부에서의 시원한 전망을 고려해 각 실을 배치하고 여기에 맞춰 개구부도 계획했다.

1 주변 환경과 내부공간의 성격에 따라 입면은 절제되면서도 과감한 개구부를 갖는다.

2 종일 집에 머무르는 어머님을 위해 꾸민 정원은 직접적인 노출을 피할 수 있게 계획해 편안하게 머무르실 수 있도록 배려했다.

3 어머님을 위한 1층 거실은 따뜻한 느낌을 주는 목재를 주재료로 사용해 편안한 분위기를 만들었다.

4 적극적인 채광과 프라이버시를 고려하고 내부공간의 성격에 따라 절제되면서도 과감한 개구부를 계획했다.

5 5층 규모의 건물로 둘러싸여 있는 대지의 단점을 극복하고자 건물은 3층 규모로 계획했다. 남쪽은 최대한 이격거리를 확보해 채광 및 프라이버시 문제를 해결하고자 했다.

6 인접 다세대 건물로부터 프라이버시를 보호하면서도 충분한 채광을 확보하기 위해 입면을 더블 레이어로 구성했다.

7 1층의 어머님 공간, 3층의 아들 세대 공간, 그리고 주방 및 거실 등 두 공간을 연결해 주는 공용공간이 있는 2층으로 구성된다.

8 1층 평면도.어머님의 적극적인 정원 이용을 위하여 1층에는 어머님 침실과, 거실, 게스트 룸 및 간병인방 등의 공간이 계획되었다.

9 2층 평면도(위), 3층 평면도(아래). 2층에는 공용으로 사용되는 거실 및 주방 등의 공간을 배치하였고, 3층에는 아들 내외의 공간을 계획하여 주었다.

10 단면도. 2층에 위치한 주거실에서 정원으로의 접근이 어려운 단점을 극복하고자 남측 입면의 더블 레이어 부분에 하늘이 열린 테라스를 배치하여 주었다.

11 단면도. 각각의 실은 성격에 따라 수직적으로 명확히 구분되면서 사용자의 편의를 적극적으로 반영토록하였다.

위치
서울시 강남구 역삼동
용도
단독주택
대지면적
330.50㎡
건축면적
108.19㎡
연면적
243.43㎡
건폐율
32.73%
용적률
73.66%
규모
지상 3층
구조
철근콘크리트 구조
주요마감
벽돌, 스토
설계기간
2014. 3–2014. 8
공사기간
2014. 9 착공
설계
OBBA(이소정 & 곽상준)
설계담당
박상보, 김다애, 김재호, 이호재, 최석
구조
터구조(박병순)
전기 · 기계
아이에코엔지니어링
사진
신경섭

OPEN & CLOSED

This building is a three-storey detached house at the center of Yeoksam-dong, Gangnam, where there used to be a concentration of detached houses but which have now given way to multi-household homes designed for leasing. The building owner reflected the wishes of his mother who has lived here for her entire life and did not want to move away. So, he requested that we demolish the old house and re-build a detached house where his family can live together.

Completing a building is analogous to coordinating the various stories of different people and creating a single complete story out of them. Likewise, this project began with listening to the story of the building owner.

His story was very short, concise and clear. A certain level of privacy must exist between his household and his mother's household. The house should be designed by taking into account his mother's illness. We focused on the point identified in conversation with him that future life may be flexible. So rather than planning any specific fixed program and space, we planned for the space to be as open as possible so that future spatial use can accommodate various changes.

The site is surrounded by 4~5 storey multi-household homes so it may have some privacy issues and have a limited amount of natural light. Thus, our design focus was on how we can overcome these constraints.

The building was planned as a total of three floors with the first floor for his mother, the second floor for communal space, and the third floor for his family. A total of three stories was decided on and the building was placed in the northwest corner as much as possible, so that we can reduce the floor area it occupies and we can ensure a certain height. This arrangement allows for garden space on the first floor. Also the plan is to make it easy to let in natural light by guaranteeing a sufficient distance from the southern borderline of the plot.

A space for his mother, her caregiver and guests was planned on the first floor. A wide garden space was planned as a space that she could easily access and rest in. Another entrance was added so that her son and his wife, who often work until late at night, can go to the second and the third floors without passing the first floor main space and disturbing her. A communal space for his mother and his family, such as a living room, a kitchen and a dining room, was planned on the second floor. Also an open terrace space was planned in the south to address the limitation that the garden is not directly accessible from the living room. Lastly, a bedroom, a dress room and a library mostly used by his wife and he are on the third floor. A communal space was planned vertically between the two private spaces to link them and serve as a buffer zone between the two.

The front of the building is a double-layer structure to avoid direct exposure to the street through the front entrance and to protect privacy from neighboring households. The layout was employed to block outside attention and guarantee enough natural lighting and a wide view. The opening is also planned accordingly.

1 The façade features restricted but boldly opened sides consistent with the surrounding environment and internal space.

2 The garden was designed for the mother of the family, who will spend most of her time at home. The garden is composed of two contrasting spaces, sheltered from direct exposure to ensure a comfortable resting environment.

3 The first floor living room is mainly composed of warm shades of wood, planned as a comfortable space for the mother of the family.

4 Restricted but boldly opened sides were planned according to the internal space, to actively introduce natural light and allow for privacy.

5 To overcome the fact that the site is surrounded by five-story buildings, the architects designed a three-story building, which secures as much regulated separation distance to the south as possible, to overcome the lack of natural light and privacy.

6 The façade was composed as a double layer to secure sufficient natural light, while ensuring privacy from neighboring multiple housing lots.

7 The first floor was designed for the mother, and the third floor for the son's family. The second floor was planned as a communal space with a living room and kitchen to connect the two floors.

8 To encourage the mother to actively use the garden, spaces for the mother's bedroom, her living room, guest room and nurse's room were all planned on the first floor.

9 The living room and kitchen spaces were arranged on the communal second floor, while the space on the third floor was planned for the son and his wife.

10 To resolve limited access to the garden from the main living room on the second floor, a terrace opening out onto the skies was placed on the double layer of the south façade.

11 Along the vertical axis, each room is clearly defined according to its program, actively reflecting the needs of each user.

Location
Yeoksam-dong, Gangnam-gu, Korea
Use
housing facility (detached house)
Site area
330.50m^2
Building area
108.19m^2
Floor area
243.43m^2
Building coverage ratio
32.73% (statutory maximum 60%)
Floor area ratio
73.66% (statutory maximum 200%)
Stories
3 ground floors
Structure
reinforced concrete structure
Main finish
brickstone, sto
Design period
Mar 2014-Aug 2014
Construction period
slated to break ground in Sep 2014
Architects
OBBA (Sojung Lee & Sangjoon Kwak)
Design team
Sangbo Park, Daae Kim, Jaeho Kim, Hojae Lee, Seok Choi
Structural engineer
THEKUJO (Byungsoon Park)
Electric/mechanical engineer
IECO Engineering
Photos
Kyungsub Shin

경계를 넘어선 건축

곽상준 · 이소정 x 임진영

임진영:
두 분은 매스스터디스에서 만나 독립하셨죠. 곽상준 소장님은 실무 경험이 어떻게 되시나요.

곽상준:
대학 졸업 후 스페이스 연에서 일하고 매스스터디스로 옮겨 2년 정도 실무를 했습니다. 감당할 수 있는 규모 안에서 모든 것을 관리해야겠다는 생각에 처음부터 소규모 아틀리에를 선택했어요. 입사했을 때만 해도 직원이 4명 정도여서 2년차가 되자마자 주택 프로젝트의 매니저가 되었어요. 조직이 크면 위계가 형성되는데, 아틀리에의 경우 제가 할 수 있는 역할이 좀 더 많아요. 매스스터디스는 학교 다닐 때에도 세 달 정도 경험했는데, 작업 자체가 흥미로울 뿐더러 일하는 분위기가 틀에 박히지 않고 자유롭게 의견을 교환하는 것이 인상적이었어요. 또 위에서 시켜서 하는 일이 아니라, 건축에 대한 관심과 열정이 높아서 서로 경쟁하는 분위기가 마음에 들었어요. 좋아서 하는 사람들이 모여 있기 때문에 가능했던 것같아요.

임진영:
이소정 소장님께서는 환경디자인을 전공하셨어요. 건축을 선택하신 계기가 있나요?

이소정:
예술고등학교를 나와 미술대학의 환경디자인학과를 졸업했어요. 졸업하고 인테리어 분야로 갔는데, 무언가 해 보려 해도 소소하게 내부 변경 밖에 할 수 없어서 답답함을 느꼈어요. 큰 공간을 다루고 싶어 건축에 대한 관심이 많았던 것 같아요. 그래서 대학원에서 건축을 전공하고 OMA에서 실무를 쌓았습니다.

임진영:
시각디자인 훈련을 받은 것이 건축 설계에 영향을 미치나요? 곽 소장님의 입장에서 함께 작업할 때 커뮤니케이션에 차이가 있는지 궁금합니다.

이소정:
어렸을 때 미술이나 무용 교육을 받은 경우, 생각이나 느낌을 표현하는 데 좀 더 자유로운 것 같아요. 무용하는 친구들의 경우, 음악을 듣고 그 감정을 몸으로 표현하라고 하면 바로 몸짓이 나오는 것처럼, 미술 교육을 받으면서 생각이나 감정을 3차원적인 오브제나 다른 방식으로 표현하는 것에 거침이 없어진 것 같아요. 디자인을 기반으로 하지만 분석하는 것을 좋아하는 편이라서 두 성향이 같이 녹아들 수 있지 않을까 싶어요.

곽상준:
다양한 분야로 열려 있는 이 소장님의 생각에 영향을 많이 받아요. 작업할 때도 큰 방향에 대한 생각은 일치하는데 세세한 부분에서 집요함을 보이는 부분이 달라 서로 보완되는 것 같습니다.

임진영:
풀어 가는 방식에서 다양성이 확보되겠네요. 이 소장님은 OMA로 가신 이유가 있나요.

이소정:
결과물에 대한 미학적인 접근보다 분석적인 접근 방법에 관심이 많았어요. AMO를 운영하며 리서치를 기반으로 프로젝트에 접근하는 것도 마음에 들었어요. 우연한 기회에 인턴 지원을 했는데 주니어 포지션을 받아 2년 정도 일했습니다. 밖에서 볼 때는 OMA가 리서치 기반으로만 접근하는 것처럼 보였는데 실제 작업할 때는 오히려 다양한 방식을 채택해 접근한다고 느꼈어요. 프로젝트마다 다르긴 하지만, 주니어든 시니어든 다양한 아이디어를 내고 경합을 해요. 하지만 건축적인 접근

방식보다는 전문가 집단이라는 점이 더 인상적이었어요.

임진영:
일의 강도는 어땠나요.

이소정:
말할 수 없이 강했어요.(웃음) OMA나 매스스터디스에서 계속 강도 높게 일하다보니, 지금도 어떤 것이 적절한 강도인지 감이 좀 없는 편이에요. 개개인의 욕심이나 완성도에 대한 기준이 높은 사람들이 모여 있던 집단이라, 강도가 셌지만 그 과정을 즐기면서 할 수 있었어요. 매스스터디스로 온 것도 좀더 흥미로운 작업을 하면서 조직의 틀이 경직되지 않는 근무 환경 때문이었어요. OMA나 매스스터디스나 직급에 따라서 살펴야하는 업무가 정해지지는 않았어요. 작업 자체도 흥미로운 것을 하고 싶었지만 열려 있는 작업 환경이 중요했어요.

임진영:
매스스터디스의 실무 경험을 통해 어떤 영향을 받았나요.

곽상준:
건축을 대하는 태도요. 적당한 선에서 타협점을 찾기보다 마지막 순간까지 집중력을 잃지 않고 프로젝트를 발전시키는 자세와 이를 통해 완성도 높은 결과물을 도출해 내는 일련의 과정들을 직 · 간접적으로 경험할 수 있었어요.

임진영:
인식의 경계, 다중적 의미에 대해 관심을 갖게 된 배경은 무엇인가요? 미술을 전공하고 건축으로 확장한 이소정 소장님의 경험과 협업이 영향을 미쳤을까요?

이소정:
네. 영향이 전혀 없진 않아요. 건축을 전공하고 건축에서부터 그와 관계된 조명, 가구, 기타 예술에 대한 관심으로 영역을 넓혀 가는 것이 일반적이라면, 제 경우는 주변에서 점차적으로 건축에 접근하게 됩니다. 어떻게 보면 예술, 환경디자인에서 건축까지, 늘 큰 영역 안에서 작은 영역을 선택하고 그 경계를 넘나들며 살아온 것 같아요. 그러면서 각 영역별로 사물을 다른 시각으로 바라보고 표현하게 되고, 그것이 제 관점과 인식에도 영향을 미친다는 사실을 깨달았습니다. 그래서 '영역 간의 경계' 그리고 '인식의 경계'에 대해 관심을 갖기 시작한 것 같아요. 어느 하나의 관점으로 사물이나 현상을 바라보기보다 스스로 위치를 바꾸면서 미시적 관점과 거시적 관점을 교차해 가며 프로젝트를 진행하고, 스페셜리스트이면서 동시에 제너럴리스트가 될 수 있도록 노력해요.

임진영:
7년 정도의 실무 경력인데, 독립을 결정하는 게 쉽지 않았을 것 같아요.

곽상준:
매스스터디스에서 주로 실현되지 않은 불운의 프로젝트에 많이 참여했어요.(웃음) 독립을 서둘렀다기보다는 실제 건물을 짓고 싶다는 갈망이 쌓여갈 즈음 좋은 기회가 생겼고 놓치고 싶지 않았어요. 아직 부족하다보니 독립에 대한 두려움이 없었던 것은 아니지만, 빨리 경험하고 실패해 봐야 다시 일어날 수 있는 힘이 남아 있지 않을까 생각했어요. 저희끼리, 망하면 매스에 다시 들어가자고 농담을 했어요.(웃음)

임진영:
실제 건물이 지어질 현장에서 설계를 진행한 경우는

흔하지 않은데, 도움이 되었나요.

이소정:
내발산동에 대해 잘 알지 못했는데, 짧은 기간이었지만 밤낮으로 돌아다니면서 주변 풍경과 오래된 동네의 흔적을 더 관찰할 수 있었던 게 색다른 경험이었어요.

곽상준:
저 역시 주로 아파트 생활을 했고 5층 규모의 다세대주택을 경험할 기회가 없었기 때문에 현장에서 일을 시작할 수 있었던 게 좋았어요. 설계 기간 동안 주변의 다세대주택을 경험하면서 여러 아쉬운 점을 발견했어요. 거창한 주제나 접근법을 가졌다기보다 어떻게 하면 그런 것들을 피할 수 없을까 생각했습니다.

임진영:
다세대주택이 밀집된 곳에 기존과 다른 방식의 건물이 들어섰는데, 주변 반응은 어땠는지 궁금합니다.

곽상준:
지나가는 학생들이나 주민들의 전혀 예상하지 못했던 반응이 흥미로웠어요. 모던한 형태라고 생각했는데, 고성처럼 보기도 하고 어떤 분들은 코너 부분에서 몽당연필을 떠올리기도 해요.

이소정:
재미있는 것은 공용공간을 최소화하고 전용공간을 확보하기 위해 H형 평면을 만들었는데, 면적은 줄어들었지만 볼륨은 더 풍요로워졌다는 거예요. 사람들의 활용도는 오히려 좋아진 거죠. 그저 빨리 지나가는 통로 역할밖에 하지 못했던 어두운 복도가 화분을 놓거나 앉아 머무는 공간이 되었어요.

임진영:
외부를 회색톤의 고벽돌로 마감했는데 색감이 독특합니다. 재료를 선택한 기준은 무엇인가요?

곽상준:
동네에 붉은색 벽돌이 주를 이루는 오래된 다세대 빌라들과 회색빛의 화강석이 주를 이루고 있는 신축 빌라들이 많았어요. 그 두 풍경에서 이 건물이 어떠한 재료의 물성과 색감으로 주변 건물들과 관계를 맺게 될지, 주변에 잘 녹아들어갈 수 있도록 벽돌과 회색의 조화를 고민했어요.

이소정:
처음부터 재료를 한정한 것은 아니고 다양한 재료에서 출발했지만 언제나 봉착하는 것은 공사비예요. 그래서 일반적인 재료지만 일반적이지 않은 방식, 혹은 일반적인 재료지만 다른 색감과 질감을 가진 재료를 찾아내는 것이 우리의 미션이라고 생각했어요. 사람들이 소위 무심코 지나치는 재료들을 다시 바라보려고 해요. 재료 그 자체가 문제였던 것이 아니라 그 쓰이는 방식이나 다른 것과의 조화 문제라고 보는 거죠. 그런 고민을 하게 된 계기는 결국 우리가 하는 프로젝트들이 새로운 것을 시도할 공사비 조건이나 환경이 아니기 때문이기도 해요.(웃음)

임진영:
주변 콘텍스트를 분석할 때 물리적 환경뿐만 아니라 동네의 풍경에서 주조색과 같은 색감, 재료 등 시각적인 분석을 동시에 고려한 것이 흥미로워요. 시각적 장면(scene)에 대한 언급과 관심이 엿보이는데, 이유를 들을 수 있을까요?

이소정:
대부분의 건축가들이 그렇겠지만, 저희도 주변 콘텍스트에 대한 조사와 이해를 기반으로 프로젝트를 시작합니다. 단지, 설계를 진행하면서 고려해야 하는

수많은 조건들 중에 도시와 건축물의 관계를 하나의 중요한 요소로 생각해요. 아마도 그 과정에서 배치나 볼륨뿐만 아니라 재료의 물성과 색감까지도 고려하고자 하는 노력이 'scene'에 대한 관심으로 보이는 것 같아요. 아직 생각이 잘 정리된 것은 아니지만, 시각화라는 주제에 관심이 있습니다. 예를 들어 우리는 도시의 공간 구조 안에 있지만, 사람들은 이것을 하나의 풍경으로 인식해요. 동영상의 3차원이 수많은 2차원 장면(scene)의 연속인 것처럼, 사람들이 공간을 인식하는 것은 공간이면서 프레임 안의 차원이 아닐까. 다중적 의미, 경계에 대한 주제도 그 연장선에 놓인 고민이에요.

곽상준:
관점, 시각에 대해서도 생각을 많이 해요. 간혹 건축가들 중에는 자신이 가진 건축 철학이나 사고에 의해서만 건축을 하는 경우가 있어요. 정말 다양한 사람들이 있듯이 관점도 다양하다고 봐요. 건축주가 가진 관점, 그곳을 지나는 사람들의 관점, 그리고 건축가의 관점도 있어야 하고, 도시적으로 바라봤을 때의 관점 등 다양한 관점에서 건축을 만들어야 한다고 생각해요. 건축주가 가지고 있는 관점도 만족시키면서 다른 것을 다 조화롭게 만드는 것, 그 숙제를 해결하는 건축이 많아져야 가능성이 있어요. 건축가 자신의 욕심만 바라는 건축은 한계가 있죠. 일정 부분은 만족시키고 또 일정 부분은 변화를 가져오는 것이 중요하다고 생각합니다.

임진영:
다가구주택은 한국의 주택 유형에서 많은 비중을 차지하지만 건축가들이 개입할 수 있는 여지가 많지 않습니다. 사적 영역에서도 해결할 수 있는 여지가 있었나요?

곽상준:
올해 젊은건축가상 심사 과정에서 이전에 비해 공공건축보다 사적인 작업이 많아 아쉽다는 이야기를 들었어요. 하지만 모든 사람에게 열려 있는 건축만 공공건축을 의미한다고 생각하지 않아요. 다세대 · 다가구주택처럼 자신이 선택할 수 없는 건축 공간에 들어와 살아야 하는 경우, 우리의 노력을 통해서 다른 공간을 경험할 수 있다면 그것도 공공건축의 역할을 한다고 생각해요.

이소정:
저희가 환경이나 주변 색채, 재료를 고민하는 이유도 결국 주어진 요구 조건을 다 만족시키고 건축주에게 과하게 요구하지 않으면서도 공공을 위해 할 수 있는 작은 터치들이 무엇인가에 대한 고민이기도 해요. 그 안에서 공공성이나 도시미관에 기여할 수 있는 것을 찾아가는 게 우리가 할 수 있는 일이 아닐까 싶어요.

임진영:
첫 프로젝트 이후 주택 프로젝트가 이어지고 있어요. 집에 대한 생각도 더 발전했을 것 같아요.

곽상준:
똑같이 사람이 사는 같은 공간이지만 임대공간에 비해 주택은 건축주 생각이 깊게 반영돼요. 임대주택의 경우 우리가 생각하는 방향으로 설계를 제안하고 건축주가 승낙하는 방식이 많다면, 주택의 경우 직접 살고자 하는 공간에 대해 구체적인 그림이 있기 때문에, 더 많은 커뮤니케이션이 있어야 진행돼요.

이소정:
또 건축주의 취향이 있다 보니 전체적인 공간의 흐름을 방해하는 부분에 대해서 끊임없이 고민하고 설득해야 해요. 또 평당 공사비가 저렴한 프로젝트에서 중규모, 또 비교적 높은 공사비를 가진 경우까지 다양한 프로젝트를 진행하다보니 재료나 마감에서도 더 많이 공부를 해야

해요. 주택은 정말 어려워요.

임진영:
젊은 건축가로서 가장 큰 고민은 무엇인가요.

이소정:
다 비슷할 텐데, 역시 현실적인 고민이에요. 어떻게 하면 하고 싶은 것을 하면서 잘 유지해 나갈 수 있을까. 매 프로젝트를 진행하는 동안 많은 것을 고민하고 공부하는데 시간이 턱없이 부족해요. 더 연구하고 사례조사도 많이 하고 싶은데 어떻게 하면 효율적으로 조율할 수 있을까. 지금은 사무실 직원을 뽑은 게 두 달 정도밖에 안 되어서 어떻게 사무실을 유지할 것인가 고민 중이에요.

임진영:
건축가로서 정체성도 고민이 되는 부분일 텐데, 건축에 대한 생각이나 관점에 대한 생각을 들을 수 있을까요?

곽상준:
무겁게 접근하고 생각하고 싶지는 않아요. 이 소장님과 저도 맞춰가는 중이고 OBBA가 이런 건축을 하겠다고 선언적으로 이야기하고 싶진 않아요. 단지 서로 일치하는 부분은 건축을 통해서 대단한 변화를 만들려는 것보다 프로젝트를 통해서 사용자나 간접적으로 경험하는 사람들에게 조금 더 나은 환경으로 만들어 줄 수 있지 않을까 하는 소박한 꿈이 있어요. 그렇게 하나씩 채워가다 보면 저희가 말할 수 있는 일들이 생기지 않을까? 아직은 다양한 경험을 해 보고 싶어요.

비평

사소한 일상에 대한 집요함

임진영

시장의 방식에 대응하는 방법

다가구 · 다세대주택은 소규모 임대주택 시장의 욕망을 적나라하게 드러내는 주거 유형이다. 한국에서 아파트와 단독주택 다음으로 많은 비율을 차지하고 있지만, 최소의 공사비를 투자하는 개발업자와 건축주에게 외관에 대한 미감이나 거리 풍경, 공용공간에 대한 배려나 물리적인 환경의 질을 고려할 여력은 없다. 이격거리만 유지한 채 볼륨을 가득 채우며 효율과 최소의 기능만을 충족시키는 방치된 영역이다.

젊은 건축가 그룹인 OBBA의 곽상준과 이소정은 첫 작업으로 이 비집고 들어갈 틈 없는 다세대주택을 다룬다. 건축주는 이미 기존 다세대주택의 전형적인 설계도면으로 허가를 받은 상태였지만 다른 대안을 찾고 싶어 이들을 찾아왔다고 한다. 하지만 여전히 전용면적을 최대한 확보해 달라는 것과 기존 공사비를 넘을 수 없다는 조건이 달렸다. 실제 지어지는 건축 과정에 갈증을 느끼던 젊은 건축가들은 이를 계기로 독립을 결심했다. 최대 면적과 최저 공사비로 이익을 추구하는 개발업자만이 경쟁력을 갖는 시장에 플레이어로 뛰어든 것이다.

운신의 폭이 넓지 않은 이 게임에서 OBBA는 먼저 기존 다세대주택의 한계를 관찰했다. 번듯한 사무실을 마련하는 대신 곧 철거될 대상 건물을 임시사무실로 쓰면서 두 건축가는 현장과 동네를 밤낮으로 경험할 수 있었다. 준공 이후 부분 증축으로 일관성 없이 덧대는 외장재, 옆 건물과 이격거리가 불과 1m도 안 되는 곳에 낸 창이나 꽉 막혀 바람이 통하지 않는 암울한 계단실, 좁고 어두운 복도, 무분별하게 노출된 설비들은 OBBA에게 사소하지만 꼭 바꾸고 싶었던 요소들이다.

“거창한 주제나 접근법보다는 나쁜 점들을 피하고 싶다는 방식으로 접근했다”는 OBBA의 설명은 대지와 프로젝트의 조건에 충실하되 그 안에서 해결할 수 있는 문제들을 찾아내 풀어내는 ‘퍼즐’과 같은 설계 과정을 말해 준다. 그리고 그 결과로 시장이 원하는 전용면적은 극대화하고 공용공간의 환경은 개선하는 해법을 내놓았다.

회색의 고벽돌로 마감한 내발산동의 다세대주택 “Beyond the Screen”은 법적 제한선에 맞춰 볼륨을 가득 채운다. 얼핏 보기에 하나의 덩어리로 보이지만, 비워쌓기 한 벽돌 스크린이 건물의 가운데를 가로지른다. 세대를 두 동으로 나누고 그 사이에 빛과 바람이 통하는 반외부공간의 계단실을 끼워 넣은 것이다. 곽상준, 이소정 소장은 구색만 남은 다세대주택의 복도를 과감하게 없애고 계단참에서 직접 각 세대로 들어가게 하되, 계단실을 빛과 바람이 통하고 5개 층이 모두 뚫려 있는 반외부공간으로 전환했다. 그 결과 앞뒤로 비워쌓기 한 벽돌 외벽으로 둘러싸인 중정과 같은 공간이 만들어졌고, 흰색으로 마감한 내부 계단실은 회색 고벽돌이 주는 외관의 중후함과 대비되면서 밝고 쾌적하며 빛으로 풍성한 장면을 만들어 낸다.

복도를 과감하게 생략하면서 줄어든 공용 면적만큼 각 세대의 전용면적을 확장할 수 있었지만, 줄어든 공용공간의 면적은 5개 층을 가로지르는 중정의 공간감과 비워쌓은 벽돌 틈으로 들어오는 빛의 패턴, 바람과 같은 공간 경험으로 상쇄된다. 계단실의 앞뒤가 트이면서 각 세대 역시 삼면이 외기에 면할 수 있어 내부 공간의 질도 개선되었다. 한 층의 네 세대가 계단참에서 직접 마주하는 불편함을 해소하기 위해 앞뒤 세대를 반 층씩 엇갈리는 스킵플로어로 구성했고, 그에 따라 어긋난 창문은 자연스럽게 리듬감 있는 입면을 만들어 내기도 한다.

건축을 풀어내는 사소한 발견–다중적 의미와 경계의 확장

소규모 아틀리에에서 건축이 지어지는 과정을 착실히 익힌 곽상준 소장과 환경디자인을 전공하고 건축으로 방향을 틀어 OMA를 거친 이소정 소장은 매스스터디스에서 만났다. 계획 단계에서 멈춘 프로젝트를 연달아 진행하면서 현장에 대한 갈증을 느낀 두 소장에게 찾아온 기회는 경제 논리가 가장 야박하게 반영되는 다세대주택이다. 곽상준, 이소정 소장은 한정된 예산과 최대 면적이라는 건축주의 요구를 오히려 흥미로운 도전으로 여겼고, 자신들의 건축을 실현해 낼 기회로 삼았다. 30대 중반, 또래에 비하면 비교적 이른 독립이다.

OBBA(Office for Beyond Boundaries Architecture)라는 이름은 곽상준, 이소정 소장의 관심을 반영하는데, 건축적인 화두나 주제보다는 건축에 임하는 태도를 표방한 것은 주목할 부분이다. 여기서 '경계를 넘어선 건축'은 단지 영역의 경계만을 의미하지 않는다. 건축이라는 물리적 구축 행위가 다양한 영역과 관계를 맺는 과정에서 그 경계를 넘나드는 일뿐만 아니라, 문제의식 과정에서 익숙함의 영역과 낯선 시각이 충돌하는 '인식의 경계'에 관심을 갖는다. "사람들의 사고방식은 익숙한 경계 안에서 이루어지는데, 새로운 자극이 생기면 그 경계를 넘나들면서 새로운 발상을 하게 된다. 기존 건축가가 해 오던 방식, 진부하고 상투적인 인식의 경계를 넘어 새로운 발상과 치열한 사고를 추구하고 싶었다(곽상준)." 예를 들어 '퍼스펙티브(perspective)'라는 단어를 소점, 경관에 대해서만 논의한다면 그것은 건축가들만의 관점이 된다. 그 의미를 확장해 시각과 관점에서 보면 다양한 주체, 즉 건축주와 사용자, 그리고 그 도시를 향유하는 사람들의 관점까지 고려하게 된다. 인식의 경계를 넘어서면 다양한 관점과 시각에 대해 고려하게 되고 이를 통해 다중적 의미에 대한 존중과 이를 반영한 해결 모색이 가능해진다.

이런 태도는 단순하지만 명쾌한 해법을 가져온다. "한정된 예산 범위에서 건축을 실현할 때, 똑같은 재료, 구법을 가지고 어떻게 표현하고 다루느냐에 따라 큰 차이를 가져온다. 우리가 상투적이고 진부한 재료도 다시 바라보고자 하는 것도 그런 의도다. 재료가 진부한 것이 아니라 쓰이는 방식이 진부한 것이기 때문이다. 익숙한 재료를 다시 바라보고 익숙하지 않은 방식으로 사용하고자 하듯이 일의 방식과 프로젝트에서도 경계를 넘어서는 일을 시도해 보고 싶다(이소정)." 결과적으로 OBBA는 '일상적인 모든 것에 대한 사소하지만 비판적인 시각'으로 출발해 익숙함과 낯선 인식이 충돌하는 문제의식 과정을 통해 다중적인 관점을 탐색하며 새로운 발상을 이끌어내고자 한다.

DNA를 지닌 건축가의 출현

기존 시스템에 저항하거나 사회 변화를 꿈꾸는 건축 선언 대신, 사회와 시장의 틈새에서 다양성을 확보하고자 하는 태도는 2000년대 이후 국제무대에 등장한 젊은 건축가들의 주목할 만한 특징이다. 강예린, 이치훈 소장(S.O.A.)이 인용한 '저항하지 않는 세대'에 대한 언급은 이러한 경향을 설명해 준다. 한국에서도 마찬가지다. 자본의 영향력이 커진 사회에서 건축가는 사회적 해법을 모색하기보다 안전한 시장의 보호에 머무는 듯 보였고, 그에 대한 반발로 건축가의 상은 공공의 영역에서 헌신하는 건축가에 대한 지나친 강박으로 발전하기도 한다.

그러나 '저항하지 않는 세대'가 보여 주는 이러한 태도가 전적으로 기존 사회에 순응을 말하지는 않는다.

오히려 시장의 시스템과 작동방식을 인정하고 그 한복판에 뛰어들어 문제를 해결하는 태도에 가깝다. 그 시스템 안에서 건축가가 할 수 있는 역할을 찾아내고, 건축 논의를 사회와 시장의 민감하고 첨예한 접점으로 끌고 가서 최전선에서 싸우는 일이다. 판을 바꾸지 못해도 그 안에서 보다 나은 건축을 꿈꾸는 것, 이것은 사회 현상, 시장에 대한 정밀하고 깊이 있는 분석이 전제되었을 때에 가능한 일이다.

곽상준, 이소정 소장이 "비욘드 더 스크린"의 설계에서 가장 기본으로 삼은 것은 바로 건축주의 요구 사항, 즉 시장의 논리다. 최대 전용면적을 확보해 달라는 요구조건에 충실하면서 다가구 · 다세대 주택의 열악한 환경을 개선하는 방법을 찾는 것은 시장의 요구와 건축가의 역할을 동시에 충족시킨다. 시스템 안에서 해법을 찾아가되, 이를 집요하게 극대화하는 것, 현대 사회의 흐름과 그 변화의 틈새 속에서 발생하는 다양한 문제들에 대해 다중적인 선택과 혼합된 해결책을 추구하는 것, 그래서 OBBA의 건축은 거창하지 않지만 사소한, 그러나 예리한 발견을 통해서 전개한다.

이러한 태도는 매스스터디스의 건축가 조민석 소장과 닮아 있다. 건축을 통해 사회를 변화시킬 수 있다는 낭만적인 믿음 대신 사회 구조의 작은 틈을 찾아 그 안에서 대안을 모색하는 태도다. 계란으로 바위치기라는 의미 없는 저항 대신 계란으로 바위 위에 어떻게 하면 예쁜 그림을 그릴 수 있을지 고민하는 모습이랄까. 이런 태도는 건축의 힘을 과신하는 대신 틈새를 모색해 작은 균열을 내어 건축이 보다 나은 해법을 찾아 낼 수 있다는 긍정에서 온다. 최대 효율의 도미노 시스템이 충실하게 반영된 한국의 수직 타워에서 불균질한 균열을 내고자 했던 일련의 매스스터디스의 작업들 - 네이처 포엠, 부띠크 모나코, 에스트레뉴 타워 등 - 은 경제 논리가 우선하는 한국 사회와 시장에 대응해 '불균질한 공간'을 만들어 낸 대표적인 경우다.

<u>계보와 좌표</u>

2007년 일본의 비평가 타로 이가라시는 한 출판사와 함께 흥미로운 카드를 기획했다. 하트, 스페이드, 다이아몬드, 클로버 문양은 각각 양식주의, 모더니즘, 포스트모더니즘과 슈퍼플랫이라는 일본 건축의 주요한 흐름이 대신했다. 카드의 킹, 퀸, 잭의 자리에는 도요 이토, 세지마 가즈요, 류에 니시자와처럼 각 흐름을 대표하는 건축가가 등장했다. 근대 이후 일본 건축의 흐름을 위트 있게 풀어낸 이 카드는 타로 이가라시가 심도 있게 분석한 일본 건축의 계보를 바탕으로 한 것이다. 그가 그려 낸 일본 건축의 계보는 복잡하고 섬세한 선으로 가득 차 있는데, 서로 다른 건축 흐름을 드러낼 뿐만 아니라 각각의 건축 흐름이 다음 세대에 어떻게 영향을 미치고 진화하고 있는가를 정교한 지도처럼 그려낸다. 이러한 계보 만들기는 자칫 경직된 분류와 일반화의 오류를 안고 있음에도 한 사회의 의미 있는 건축 지형과 흐름, 담론을 보여 주기에는 충분히 효과적이다.

굳이 비교하자면 한국 건축의 계보는 4.3그룹 이후 간극이 보인다. 4.3그룹 이후 다음 세대는 해외여행 자율화로 유학이 본격화된 세대로, 그들이 귀국한 1990년대 말, 2000년대 초에 등장한다. 현재 가장 왕성하게 활동하고 있는 50대 중견건축가들이다. 유학을 통해 국제적인 건축 이론과 설계 방법론을 습득했고, 한국에 돌아와서는 다시 한국성에 대한 치열한 내면의 고민을 주문받은 세대다. 서로 다른 두 세계관이 충돌하고 해답을 찾는 과정은 그들 스스로 자신만의 정체성을 확립해 나아가는 기회이기도 했다. 자신만의 어휘를 가지고 건축에 대한 탐구를 이어간 이들은 개별적인 정체성을 완성해 한국 건축에 다양성을 가져 왔지만 동시에 이 다양성의 출현은 이전 세대와의 단절을 보여 주기도 한다. 이전 세대를 통해 건축의 연속성을 계승해 온 일본과 달리, 한국의 본격적인 유학 1세대는 이전 세대에 자신의 정체성을 기대지 않기 때문이다. 오히려 국제적인 건축 이론과 한국성에 대한 고민에서 직접적으로 유전자를 빌려온다.

우리에게 지도가 필요한 이유

기존 세대를 통해 성장하지 않은 세대의 등장은 그 다음 세대에도 이어진다. 유학이 보편화된 이후 등장한 지금의 30대 건축가들이다. 가장 풍요로운 다양성을 양성한 40~50대 건축가 세대는 오히려 유학이 보편화된 그 다음 세대에게 커다란 숙제를 남긴다. 즉 계승된 연속성이 없는 한국 건축의 좌표에 스스로 자신의 건축을 포지셔닝해야 하는 것이다. 문제는 건축가 최문규의 지적처럼 이미 네덜란드, 미국, 프랑스, 스위스 등 국제적인 건축의 흐름을 체득한 유학 1세대가 자리한 틈에서 젊은 건축가는 유학을 통해 체득한 건축 어휘만으로는 차별화가 불가능하다. 유전자의 부재는 오히려 지금의 30대 젊은 건축가들을 단편적이고 파편적으로 던져 놓아, 이전 세대의 동어 반복을 피하면서 자신의 정체성을 증명해야 하는 부담을 가져온다.

그런 이유로 곽상준, 이소정 소장의 건축 접근과 등장은 흥미롭다. 이들이 DNA를 지닌 건축가의 출현을 알리는 신호탄이기 때문이다. 이른바 '매스 키드(mass studies kid)'의 등장이다. OBBA뿐만 아니라 국립현대미술관이 주관한 젊은 건축가 프로그램(YAP)에 당선한 문지방 팀(권경민, 박천강, 최장원)처럼 올해 등장한 매스스터디스 출신의 젊은 건축가들은 치밀한 리서치와 분석을 통해 한국 상황과 시장의 게임에 적극적으로 대응하고 잘 벼려진 명쾌한 해법을 이끌어 낸다는 점에서 흥미로운 태도를 이어간다. 한국 사회의 가장 첨예한 부분을 건드리면서도 주어진 조건에 작은 균열을 내고자 하는 태도, 건축의 숭고함을 맹신하기보다 주어진 조건에 충실하게 따르면서도 건축적인 아이디어 자체로 문제를 해결하고 풍요로운 공간 경험을 이끌어 낼 수 있다는 치열한 긍정은 이 두 세대를 잇는 유전적 형질이다. 반대로 OBBA의 '장면(scene)'에 대한 관심은 건축적인 변이의 가능성을 보여 준다.

진화란 '변화를 따르는 유래'이며, 환경 속에서 대를 이어가는 사이에 변화해 나가는 과정이다. 종의 기원을 설명하는 요소이기도 하다. 한국 건축의 계보에서 유전자의 존재가 반가운 것은 그것이 새로운 종의 출현을 기대하게 하기 때문이다. 논의와 담론이 진전되지 못하고 단편적인 화두만 던져진 한국 건축의 지형에서 다양한 계보의 존재는 우리의 현재 위치와 앞으로 나아가야 할 방향에 대한 지도가 될 것이다. 30대 중반, 젊은건축가상을 수상한 건축가들 중에서도 젊은 나이인 건축가 곽상준, 이소정의 미래가 기대되는 이유는 치열함과 집요함 속에 그들이 풀어낼 건축의 다양성에 대한 기대이기도 하지만, 앞으로 출현할 새로운 종에 대한 기대이기도 하다. DNA의 존재는 그들의 발목을 잡는 한계가 아니라, 그들이 딛고 나아갈 단단한 토대가 될 것이다.

임진영은 건축전문기자로, 공간 편집팀장을 거쳐 〈MARK〉에 한국건축 기사를 쓰고 있다. 《HHF Architects》, 《3XN》 모노그래프 등의 에디터뿐만 아니라 전시 및 문화기획자로도 활동 영역을 넓혀가고 있다. 건축전문축제 '오픈하우스서울'을 기획해 진행하고 있다.

INTERVIEW

ARCHITECTURE BEYOND BORDERS

Sangjoon Kwak, Sojung Lee x Jinyoung Lim

JINYOUNG LIM:
The two of you met in Mass Studies before forming your company. Architect Kwak, who would you describe your work experience?

SANGJOON KWAK:
After graduating from university, I started to build my career in Space Yeon and then worked at Mass Studies for two years. I personally wanted to work on projects that was within my control so I chose a small atelier as my first office. In the beginning, there were only about four employees so I became a manager of a residence project after just two years. In general, when an organization grows, there is a more rigid form of authority between colleagues. However at an atelier, I was able to enjoy more roles. I was at Mass Studies for about three months while I was still in school. The work itself was fascinating and the liberal atmosphere that allowed opinion sharing was quite impressive. Moreover, the competitive atmosphere due to everyone's architectural passion and enthusiasm rather than rivalry between colleagues was also impressive. I believe it was possible because the place was filled with people who actually loved their job.

JINYOUNG LIM:
Architect Sojung Lee, you turned to architecture after majoring in Environment Design. Why did you make this change?

SOJUNG LEE:
I graduated from an art high school and majored in Environment Design in an art university. After graduation, I tried to start a career in interior design. But I felt stuck because small and trivial interior changes were the only thing I could do. Perhaps, the wish for dealing with large spaces ended up becoming a desire for architecture. That is why I went back to major in architecture and then went on to build my career at OMA.

JINYOUNG LIM:
Does your training in visual design affect your architecture? Architect Kwak, do you notice any difference in his communication style?

SOJUNG LEE:
When one is educated in art or dance, he or she is trained in terms of expression. For example, my dancer friends immediately create a movement when asked to express their emotions through their body. As I received an art education, I am able to express my emotions through three dimensional objects or in other ways. I may have artistic traits but since I like to analyze, perhaps those two characteristics may be involved.

SANGJOON KWAK:
In my case, I am influenced by architect Lee who is open to various fields. While working, our thoughts about the big picture often correspond, but differ when it comes to the details. I think this means we complement one another.

JINYOUNG LIM:
I am sure it helps you both communicate in a variety of ways. Architect Lee, Why did you decide to build your work experience at OMA?

SOJUNG LEE:
I was more interested in analytic approaches rather than the artistic results of a finished project. I liked OMA's approach on projects basing on research processes, while operating AMO. I coincidentally applied for the internship and then worked for 2 years at a junior position. From the outside, I felt that OMA seemed to take research based approaches however, while working, I noticed that they actually take various avenues. It may differ from project to project but, juniors and seniors compete with each other on new and diverse ideas. However, I was most impressed by the fact that they were professional groups of people rather than by the architectural approach itself.

JINYOUNG LIM:
How stressful was the work?

SOJUNG LEE:
Very stressful. (haha) Because I had had a heavy work load in OMA and Mass Studies, even now I am not quite sure about the degree of heaviness that a project should have. (laugh) Because those organizations were filled with people who have high standards when it comes to personal enthusiasm and completing their work, the work may have been stressful but I still enjoyed it. The reason why I came to Mass Studies is that I needed a more flexible working environment with a less rigid form of organization so I could have the opportunity of working on an interesting project. OMA or Mass Studies did not allocate work to employees according to their position. For me, I wanted to engage in a fascinating project but an open work space was pretty important too.

JINYOUNG LIM:
How were you influenced by your work experience in Mass Studies?
SANGJOON KWAK:
My attitude towards architecture was mainly affected. Instead of compromising at a certain level, I was able to learn an attitude that developed a project by maintaining concentration down to the very last minute. I also underwent a direct and indirect experience of processes that resulted in high quality through such attitude.

JINYOUNG LIM:
What was the background for your interest in perception boundaries and multiple definitions? Architect Lee, would you say that your experience as an art major and your career may have been an influence?
SOJUNG LEE:
Yes, I believe so. They definitely did have an influence. In general, people major in architecture and start to expand their interest to related fields such as lighting, furniture and other artistic domains. However in my case, I gradually began to expand my interest to architect from neighboring domains. Come to think of it, from art and environment design to architecture, I have lived a life of choosing smaller fields within a larger pool and crossing those two areas. During that process, I experienced expressing and viewing matters from different fields in a distinctive way and realized that they also affect my perspectives. That is why I began to be intrigued by 'the boundaries between domains' and 'boundaries of perception'. Rather than viewing a subject or a phenomenon from one perspective, I manage a project by shifting my positions to cross microscopic and macroscopic perspectives. Moreover, I try to coexist as a generalist and a specialist at the same time.

JINYOUNG LIM:
You have 7 years of field experience. I believe the decision to become independent was not very easy?
SANGJOON KWAK:
At Mass Studies, I participated in a number of projects that usually never actually got made. Rather than a burning desire to become independent, it was a desire to construct an actual building that deepened day by day, and when an opportunity to fulfill my dream arose I did not want to miss it. It is not that I was not at all intimidated, but I thought it better to experience failure sooner rather than later. The two of us used to joke about Mass Studies being our backup plan. (laugh)

JINYOUNG LIM:
It is not common to work on the design on the site where the actual building will be constructed. Was it helpful?
SOJUNG LEE:
Naebalsan-dong was completely new to me. However, although it was for a short period of time, it was quite a novel experience to observe the surrounding environment and traces of old villages by walking around day and night.

SANGJOON KWAK:
I also used to live in an apartment and I had not had the opportunity to experience 5 story multiplex residences, so I liked the fact that we got to start work there. During designing and planning, I have discovered several problems with multiplex residences. So, rather than looking for any grand ideas or approaches, we tried to come up with ways to avoid these problems.

JINYOUNG LIM:
A completely new kind of building was constructed in an area with a concentration of multiplexes. What was the response after its completion?

SANGJOON KWAK:
The totally unexpected responses of the students and local residents who passed by were interesting. I thought the building had a modern style, but some thought it resembled an old castle; others thought that it looked like a stubby pencil if you look at the building from the corner.

SOJUNG LEE:
What is amusing is that we made H-shaped planes to secure more exclusive space and minimize the communal area, which led to a decrease in area, but more abundance in volume. It enhanced practicality. But the dark aisles which had only been used to walk quickly through became a place to put your plants or linger.

JINYOUNG LIM:
Gray bricks were used on the exterior finishing. The color is quite unique. How did you come to choose it?

SANGJOON KWAK:
The town was full of old multiplex villas of red bricks and newly built villas of grayish granite. In the middle of such scenery we wondered what sort of matter and color should be used and how to harmonize the bricks and the gray colors to blend into the surrounding.

SOJUNG LEE:
We did not confine ourselves to certain materials in the first place. We started off with a variety of material options but, as usual, met the barrier of construction costs. So we thought our mission was to find a familiar material, but use abnormal methods or explore materials of different colors and feeling. We tried to re-visit the materials that people carelessly overlook. We do not find fault in the material itself, but the way it is used or as an issue of harmony. We started taking this perspective because we cannot attempt new initiatives in our projects due to the condition and situation of our construction budget. (laugh)

JINYOUNG LIM:
It is interesting that you simultaneously take into consideration a visual analysis of the dominant colors and materials in a town, while also looking at the physical environment when conducting contextual analysis. It seems that you have mentioned and have interest in visual scenes. Is there a reason for this?

SOJUNG LEE:
Like most architects, we also start a project based on the research and understanding of the surrounding context. But we consider the relation between the city and the buildings as a significant factor as we design. I think our efforts to try to consider not just the displacement and the volume but also the property of matter and color of materials is based on our interest in the 'scene'. I have yet to organize this viewpoint, but I am interested in visualization. As a three-dimensional video is a series of two-dimensional scenes, I wonder, is it not space and another dimension within a frame that people perceive as space? I believe multiple meanings and boundaries also fall into this line of thinking.

SANGJOON KWAK:
I also think a lot about viewpoint and perspective. There are cases where architects engage in architecture only with their own architectural

philosophy and logic. As there are various people, there are diverse perspectives. I believe that architecture should be made based on diverse perspectives: the perspective of the client, a passer-by, the architect, the perspective looking at the city, and so on. Architecture will only see potential when there is more architecture that solve the challenge of satisfying the client's perspective and also harmonize other aspects as well. Architecture built only on the desire of the architect has its limits. I believe it is important to partially satisfy some portions while bringing change.

JINYOUNG LIM:
Multiplex residences are a large proportion of Korea's dwelling type, but there is very little space for the architect to intervene. Did you find any opportunities in the private industry?

SANGJOON KWAK:
While acting as a juror of this year's Young Architects' Award, there were comments pointing out the submissions were more about private projects rather than public architecture compared to previous years. But I do not think that public architecture is the only form that is open to everyone. In cases where we have to reside in a architectural space with no option, like a multiplex, multi-household residence, I believe the role of public architecture would be fulfilled if we strived to provide the opportunity to experience something different in that space.

SOJUNG LEE:
Our contemplation of the environment, color, and materials are, in the end, in order to think about the small details that we can make for the public while satisfying the required demands of the client and without asking too much of them. It is our job to find features that can contribute to public character and city scenery.

JINYOUNG LIM:
You have continued to work on residence projects since your first project. Have they developed your viewpoint on dwellings?

SANGJOON KWAK:
Although they share the fact that people dwell in them, client input is more deeply reflected in private residences than in rental homes. For rentals, what usually happens is that we propose a design, and the client approves, whereas for private houses, more communication is required because the clients have a specific plan for where they want to live.

SOJUNG LEE:
The clients' have their personal taste as well. We need to constantly think and convince them on points that interfere with the flow of space. Also, because we are committed to various projects that have limited construction budgets per area, to medium scale, or relatively high-budget projects, we need to study more about materials and finishes. Houses are difficult.

JINYOUNG LIM:
What is your biggest concern as a young architect?

SOJUNG LEE:
I think this is a common concern; it is very realistic. How can we maintain our job while designing what we want? For every project, I ponder and study but am always chased by time. I want to dig in deeper and research many case studies, but how can I efficiently manage this? Right now, it has been two months since we started hiring so my main concern is how to sustain this office. (laugh)
Your identity as an architect may be one of your concerns. What are your thoughts or perspective on architecture?

SANGJOON KWAK:
I do not want to approach architecture as something heavy. Architect Lee and I are also still figuring things out as we go along. I do not want to make an official declaration of OBBA's architectural manifesto (laugh). What we do share is that we

do not aim to bring about some awesome change through architecture; we have a humble dream of providing a better environment for our users and the indirect users. Once we accumulate this experience, one day we will have something to say. We don't have anything organized and ready to say about architecture but we do know that we want to have many more experiences.

CRITIQUE

A TENACIOUS ATTITUDE TOWARDS THE ORDINARY

Jinyoung Lim

How to Respond to the Dictates of the Market

Multi-household and multiplex apartment complexes explicitly expose the desires of the small-scale rental housing market. They are the third most popular form of housing, after apartments and detached houses. However, developers and landlords, whose focus is on greatest return for money, often feel that they cannot also take into account exterior finishes, street scenery, and communal space, not to mention the physical quality of the environment. Those residences barely maintain the minimum distance between each other and fill abandoned spaces that satisfy efficiency and the most basic functions.

Young architects Sangjoon Kwak and Sojung Lee (OBBA)'s first project deals with just such jam packed multiplex residences. The client had already received approval for a typical multiplex design, but came to these two architects because he wanted to see if there were any alternatives. However, two conditions remained fixed; maximize space for each unit and keep everything within the construction budget. Feeling that this might be the moment to claim their independence, the two young architects who had been waiting for an opportunity to put theory into practice decided to test their mettle in a marketplace where maximum profits and minimum construction fees reign.

With these handicaps, OBBA began by studying the limitations of current multiplex residences. The two architects used a building planned for demolition as their temporary office, where they could observe the site and the town both day and night. To OBBA, details like the inconsistent usage of exterior materials, windows built on walls that looked out onto the neighboring building only a meter away, the sealed, glooming staircase, narrow and dark hallway, and randomly exposed facilities needed to be addressed.

OBBA's explanation that they chose "the approach of dealing with inherent problems rather than the application of grand themes or methods" shows the 'puzzle'-like design process that coheres to the site and the conditions of the project, and strives to articulate important problems to solve. Consequently, OBBA was able to set forth a solution that satisfies the market need to maximize space per unit while also improving the environment of communal space.

<BEYOND THE SCREEN>, a multiplex residence in Naebalsan-dong finished in grey brick, fills its space right up to a hair within the regulations. It may seem like a single mass, but a brick screen intersects through the middle of the building. The dwelling was separated into two buildings and a semi-external staircase inserted in the gap. Sangjoon Kwak and Sojung Lee boldly removed the hallways and instead connected each stair landing to the entrance of each house, enabling light and air to flow. They also designed the staircase into a half-open space in which all five floors are left open. This creates a yard-like space that is surrounded by bricks. The indoor staircase finished in white contrasts with the dignified grey brick exterior of the building. This contrast creates a bright and pleasant ambience.

The removal of the hallways made it possible to make each unit larger. Where communal space is lost, patterns of light and the circulation of air from the yard below allow for a different sense of the space. Thanks to the open structure of the front and the back of the staircase, each household is protected from exposure from three sides ensuring better conditions within each unit too. A skip floor design was implemented for even more privacy for each unit, and accordingly, the windows on each skip floor create a rhythmic form.

The Detail that Decodes Architecture – Multiple Definitions and Expansion of Boundaries

Sangjoon Kwak, whose years in a small atelier grounded him firmly in architectural processes, and Sojung Lee, who majored in environment design before turning to architecture and working at OMA, met each other at Mass Studies. The opportunity that came to these two architects - thirsty for built works after a series of projects aborted in the schematic design phase - was precisely that which is governed by the cruelest economic logic: the multiplex residence. Sangjoon Kwak and Sojung Lee took the client's demands as an interesting challenge, the demands being a limited budget and maximum space per unit. They saw it as an opportunity to see their designs come to life. As architects in their mid-thirties, they have started their own independent office at a comparatively young age.

The name OBBA (Office for Beyond Boundaries Architecture) reflects the mutual interests of Kwak and Lee, which is notable that they pursue attitudes towards architecture as opposed to architectural themes or subjects. The 'Beyond Boundaries Architecture' does not merely refer to the boundaries of an area. Not only does it focus on the trespassing of boundaries in a process where physical behavior of architecture shares a relationship with various domains, but also on the 'boundaries of perceptions' that is created from collision between awareness and awkwardness during the problem acknowledgement process. "The perceptions are made within the boundary of awareness and people start to think in an entirely different way when they undergo new stimuli. I wanted to pursue new ideas and competitive perceptions by overcoming conventional architectural methods and banal boundaries (Sangjoon Kwak)." For example, if 'perspective' is dealt with only in terms of vanishing points and landscapes, it is limited to that of an architect. If its definition is expanded however, more various subjects, in other words, the client, users and citizens' views can also be taken into account. Once the boundaries of perception are surmounted, various perceptions and views are given more attention. This engenders respect for multiple definitions and enables solutions to be discovered.

This kind of attitude may be simple yet it brings explicit resolutions. "When working under a limited construction budget, big differences are made depending on how we deal with and what we express with the same materials and methods. This is the precise reason why we are trying to take a second look at the same old, conventional materials. As we reconsider familiar materials and process them in unfamiliar ways, I want to go over the boundaries in our project and the way we work (Sojung Lee)." As a result, by taking a 'seemingly petty yet critical look at daily matters and routines' and through a problem cognitive process of collision in between awareness and awkwardness, OBBA tries to investigate multiple perspectives and foster new ideas.

The Advent of an Architect with a DNA

The attitude which seeks to diversity by exploiting niches in society and in the market rather than a grand rebellion against the system or earnest yearnings for social transformations through architectural declarations is a notable feature possessed by young architects emerging after the 2000s on the international scene. 'Generations without resistance' quoted by the architect Yerin Kang and Chihoon Lee reflects this tendency of young architects and Korea is no exception. In a society where capital influence has grown hugely, architects seem to remain behind the protection of a secure market rather than searching for social solutions. On the other hand, as a backlash to this phenomenon, the image of an architect was developed into a compulsion for an architect who devoted him or herself to the public domain.

However, the attitude of 'generations without resistance' does not mean that they are conforming to existing society. In fact, it is close to an attitude that admits the market system and tries to dissolve problems by diving into the market itself. This attitude locates the role of the architect in the system and by bringing architectural controversies to a battlefield where the market and society await it fights for its will. The ability to hope for better architecture even when the system cannot be changed is only possible when both society and the marketplace are subjected to a thorough analysis.

The most basic factor that architect Kwak and Lee take into account in <BEYOND THE SCREEN> is the requirements of the client, in other words, the market logic. Securing the maximum available space while seeking a solution to improve the poor environment of multi-household and multiplex residences can simultaneously satisfy the needs of the market and the architect. It seeks a solution in the system but obstinately maximizes it. Pursuing multiple choices and mixed solutions for various problems that occur in between the social flow and changes is why OBBA's architecture is produced from an examination of the little things, rather than the grand, which leads to clever insights.

This kind of attitude is characteristic of Minsuk Cho, a principal of Mass Studies. It is the practical application of force against a niche in the social structure as opposed to a romantic but impotent faith that architecture can change a society. Rather than the meaningless resistance of repetitively hitting one's head against a wall, this attitude chooses to use one's head to utilize a wall for our own good. Instead of boasting of the strength of architecture, it is the optimistic thought that a solution can be sought by finding a niche and making a small fissure. A chain of matrix studies have tried to create irregular fissures in the domino system of maximum efficiency that have resulted in the vertical towers of Korea . Nature Poem, Boutique Monaco, S-Trenue Tower-are representative examples of 'irregular spaces' created in response to profit-orientated Korean society and market.

Pedigree and Coordinates

In 2007, a Japanese critic Taro Igarashi collaborated with a publisher on an intriguing card design . The heart, spade, diamond and clover shapes each represented formalism, modernism, post-modernism and super flat, the mainstream movements of Japanese architecture. Japanese architects who represented each movement, such as Toyo Ito, Sejima Kazyo, and Ryue Nishijawa took the place of the King, Queen and Jack of each suit. These cards, which cleverly unraveled the flow of Japanese architecture in the modern era was based on an Japanese architectural pedigree that was carefully analyzed by Taro Igarashi. The pedigree is full of complicated and delicate lines. This sophisticated map-like piece not only reveals different architectural flows but also how each of them developed to affect the next generation. This kind of pedigree production may entail inflexible categorization and hasty generalizations yet it is accurate enough to describe a certain society's meaningful topography, flow and discourses in the field of architecture.

In comparison, the Korean architecture pedigree shows a gap after the 4.3 group. The generation after the 4.3 group is the era where studying abroad became popular due to the ease of traveling overseas. They emerge in the late 1990s and early 2000s right after their return from foreign countries. They are the architects who are now in their mid 50s and most active. They were trained in the design and theories of international architecture during years abroad and had to deal with pressing inner concerns regarding their Korean-ness after their return. This collision between these two different value sets was an opportunity to discover and determine their own identity. Those who have continued their studies in architecture with their own vocabulary have brought diversity to Korean architecture through a completion of their own identity. However at the same time, the advent of such diversity showed a gap between them and prior generations. This is because unlike Japan and its architectural continuity, the first generation to study abroad did not derive their identity from their predecessors. Instead, they directly delivered their own DNA from international architecture theories and concerns over Korean identity.

Why We Need a Map

The emergence of a generation who does not depend on the prior generation for their growth continues. They are the architects who are in their mid 30s and they appeared after the culture of studying abroad became widespread. The 4-50s architects who have given birth to rich diversities have, in fact, left an assignment to following generations. In other words, without an inheritance, Korean architects have to create their own coordinates. The problem here is, as the architect Moongyu Choi has pointed out, it is difficult for young architects to surpass the first generations of architects who studied abroad who have already absorbed the international architectural streams of Netherlands, America, France, Switzerland, etc with mere architectural jargon. The absence of DNA does indeed put pressure on young architects in their 30s who must prove themselves while trying to avoid repeating the languages used by the preceding generation.

For this reason, the emergence of architects like director Sangjoon Kwak and Sojung Lee (OBBA) and their architectural approach is intriguing. They are the flares that signal the advent of architects with DNA. It is the advent of the so-called 'Mass Studies kid'. As well as OBBA, the MoonJiBang team (Kyungmin Kwon, Chungkang Park, and Jangwon Choi) awarded the Yong Architect Program (YAP) sponsored by National Museum of Modern and Contemporary Art (MMCA) and other young architects from Mass Studies execute keen research and analysis. They actively respond to Korean conditions and the games of the market while manifesting a clear resolution. The attitude which tries to make small fissures in given terms while involving the most controversial area of Korean society and the competitive optimism which obeys the given conditions while solving problems through the architecture itself and creating rich spatial experience is the hereditary nature that binds these two generations.

Evolution is the 'origin that follows changes' and the processes of change that occur during the handover from one generation to another. It is also a factor that explains the origins of species. The reason why we welcome the existence of a DNA in Korean architectural pedigree is that it boosts the expectation of a new species'. In Korean architectural topography where conversations never develop into controversies or debate, the existence of a diverse pedigree will become a map that will shows us where we are and where we must go. Of all the architects awarded the YAP, the reason we look forward to Sangjoon Kwak and Sojung Lee 's future the most is because of the diversity of architecture they will unveil through their competitiveness and tenacity. More importantly, they are also our expectation for a new species of architect. The existence of DNA is not a barrier, but a stepping stone that will allow them to progress further.

Jinyoung Lim is an architectural editor and journalist. She was a former editorial team leader at SPACE Magazine, and has contributed articles to MARK on Korean works of architecture. She has been expanding the field of her work, not only as editor of <HHF Architects>, <3XN>, and monograph, but also as an exhibition and cultural coordinator. She has directed and managed the architecture festival <Open House Seoul>.

MINSEOK KIM

+

HYEON JIN PARK =

(NOTION ARCHITECTURE)

김민석 + 박현진 = 노션 아키텍처

김민석은 영국 AA스쿨을 졸업하고 제10회 베니스 건축 비엔날레에 학교 대표로 참가했다. 런던에서 영국왕립건축사(RIBA)를 취득하고 수년간 실무를 거친 후 귀국해 노션아키텍쳐를 설립하고 박현진과 공동으로 운영하고 있다. 서울시 공공건축가이며, 2014년 김태수 장학금(TSK Fellowship Award)을 수상했다. 박현진은 독일 카셀대학교(Kassel Universität)를 졸업하고, Kramm & Strigl에서 수년간 근무하며 여러 프로젝트와 현상설계에 참여했다. 독일연방건축사 취득 후, 귀국해 (주)행림종합건축사사무소에서 실무를 한 후, 김민석과 공동으로 노션 아키텍쳐를 운영하고 있다.

MINSEOK KIM + HYEON JIN PARK

김민석 + 박현진

= 노션 아키텍쳐

Minseok Kim graduated from the Architectural Association School of Architecture in London and participated in the 10th Venice Architecture Biennale as a college representative. He is a chartered member of the Royal Institute of British Architects (RIBA) in the United Kingdom. After several years of working in the field, he returned to Korea and founded Notion Architecture. Currently, Minseok Kim is active as a Public Architect of Seoul Metropolitan City and was a recipient of the TSK Fellowship Awards in 2014. Hyeon Jin Park, co-director of Notion Architecture, graduated from Kassel Universität in Germany. While working at Kramm & Strigl he participated in various projects and designs, and registered as an architect in Germany. On his return to Korea he joined Haeng-lim Architects, Seoul. He now jointly directs Notion Architecture with Minseok Kim.

Atmosphere
Community
Climate
Gravity
Ground
Light
Materiality
Matter
Memory
Monolith
Notion
Public
Sensuality
Shadow
Spatiality
Time
Translucent

= NOTION ARCHITECTURE

PROJECT
THE HOTEL BON

프로젝트
호텔 본

P.168—P.185

THE HOTEL BON
LOBBY
CARS
RESTAURANT
DOWNSTAIRS
FOX
THE HOTEL BON
CABINET
CABINET

1

THE HOTEL BON
LOBBY
CARS
RESTAURANT
DOWNSTAIRS
FOX
THE HOTEL BON
CABINET

2

THE HOTEL BON
THE HOTEL BON
LOBBY
CARS
RESTAURANT
THE HOTEL BON
日本料理
KB2
유료주차장
주차장

3

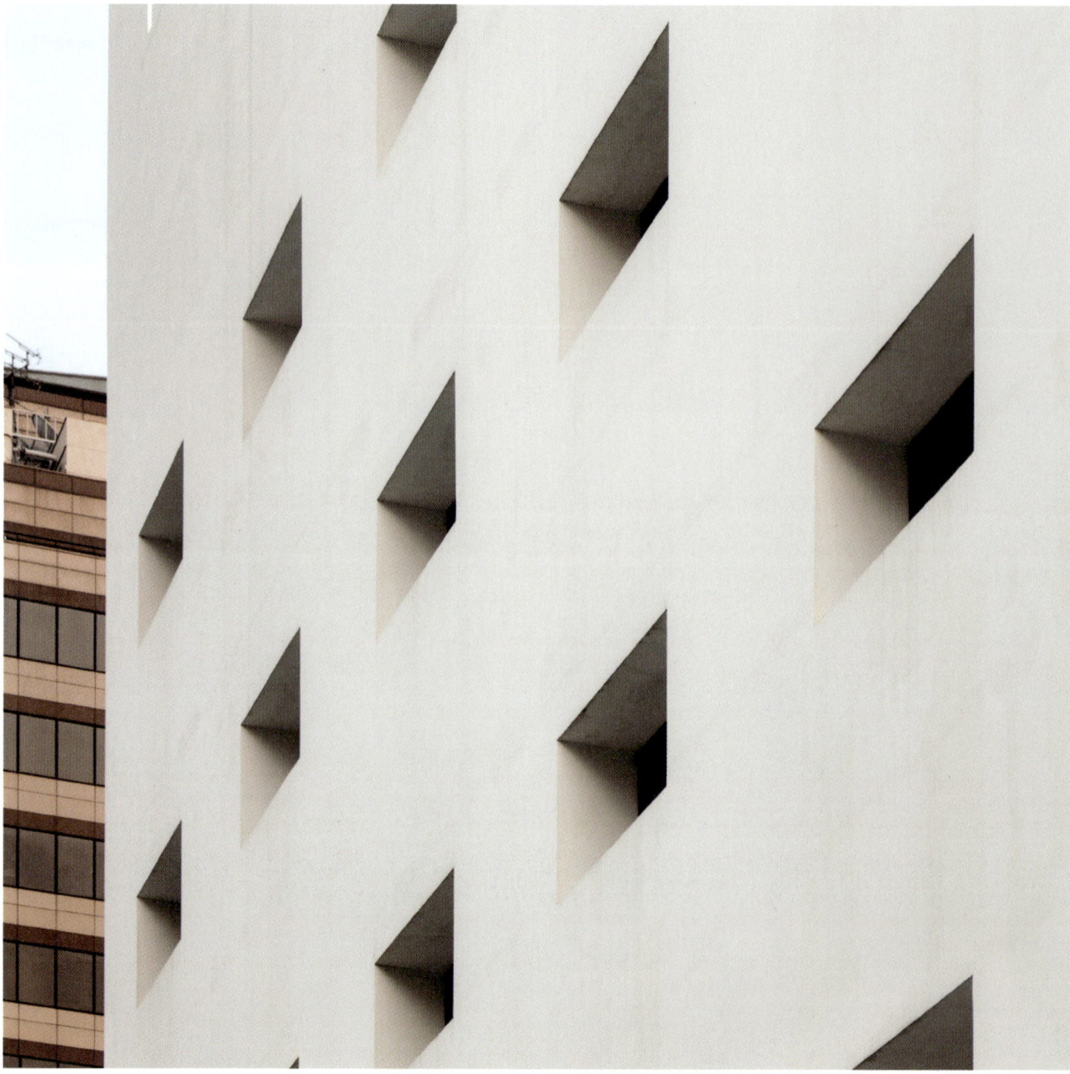

4

5

6

7

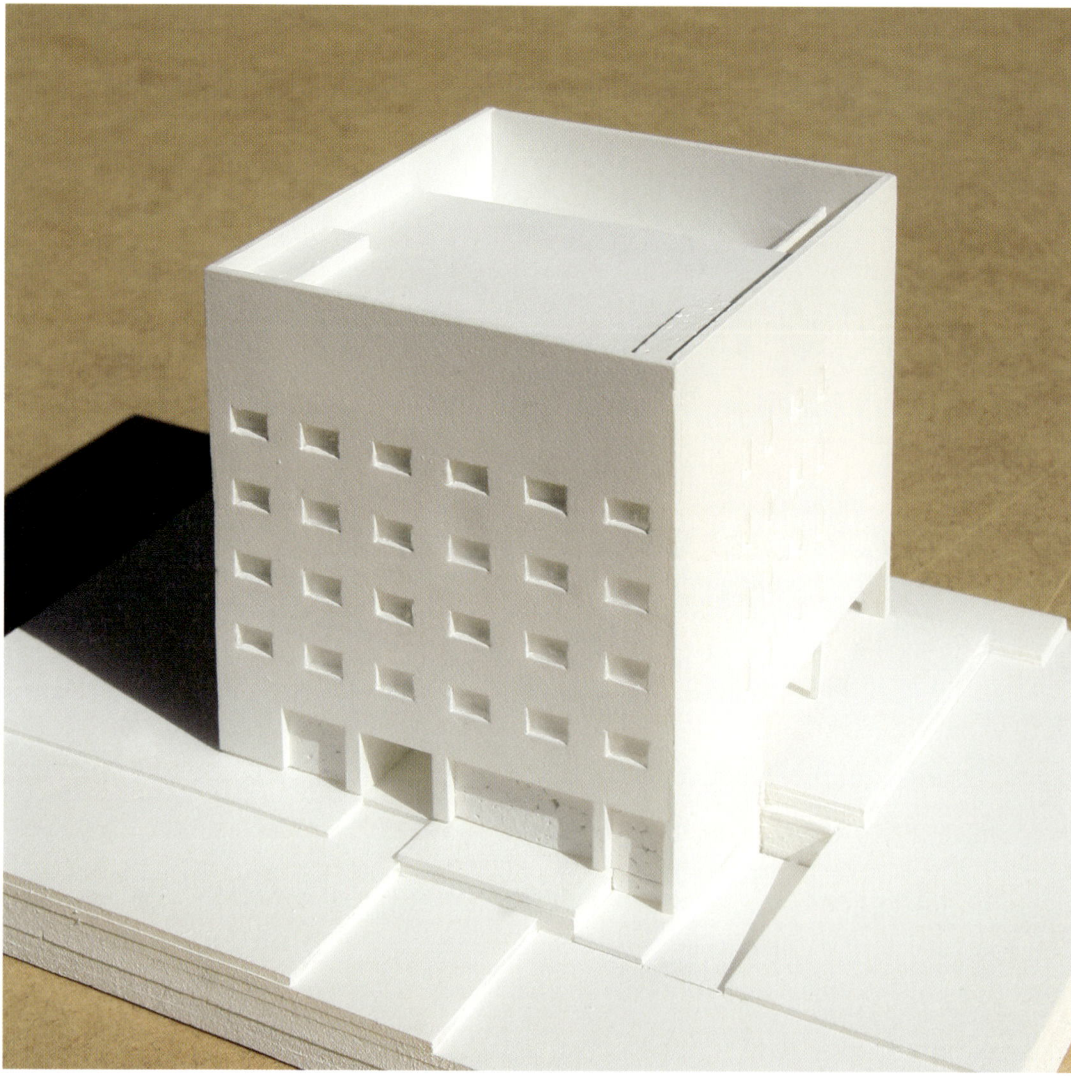

8

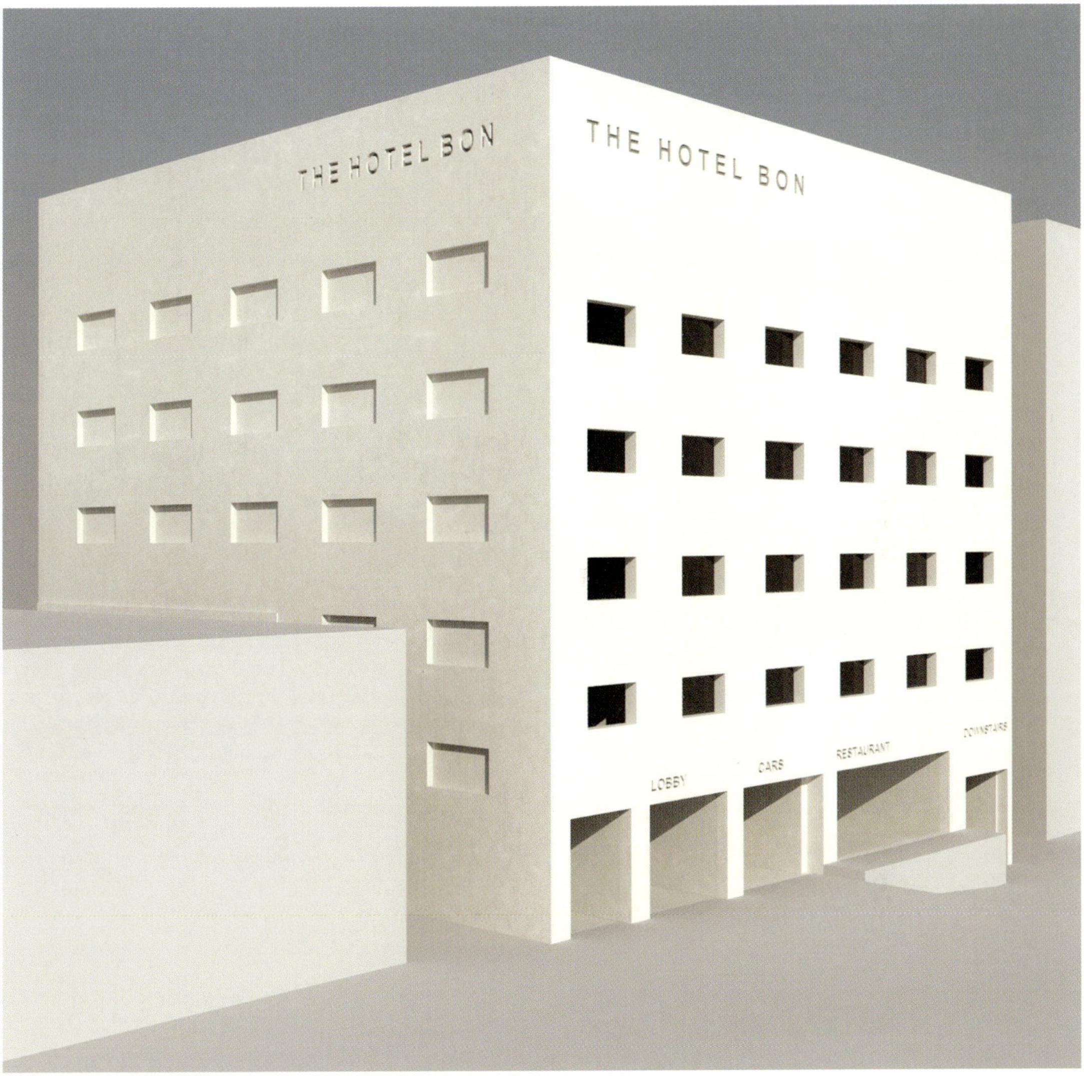
THE HOTEL BON
THE HOTEL BON
LOBBY
CARS
RESTAURANT
DOWNSTAIRS

9

10

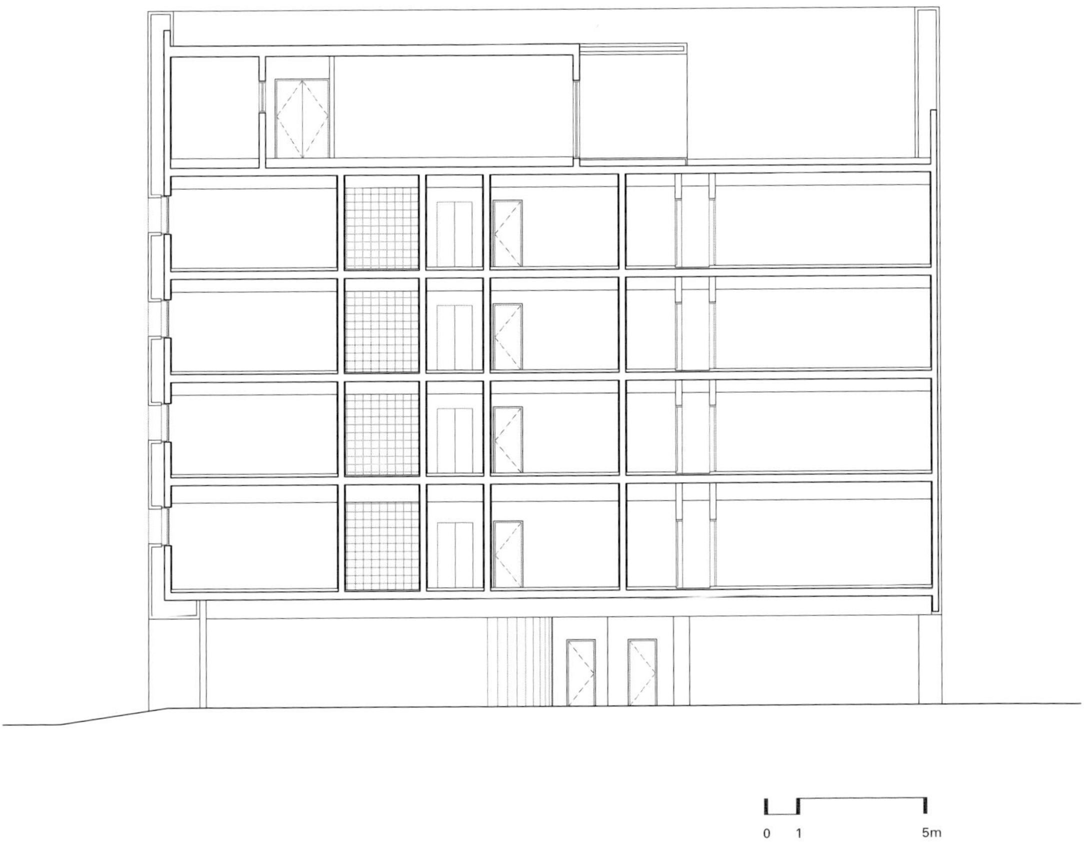

11

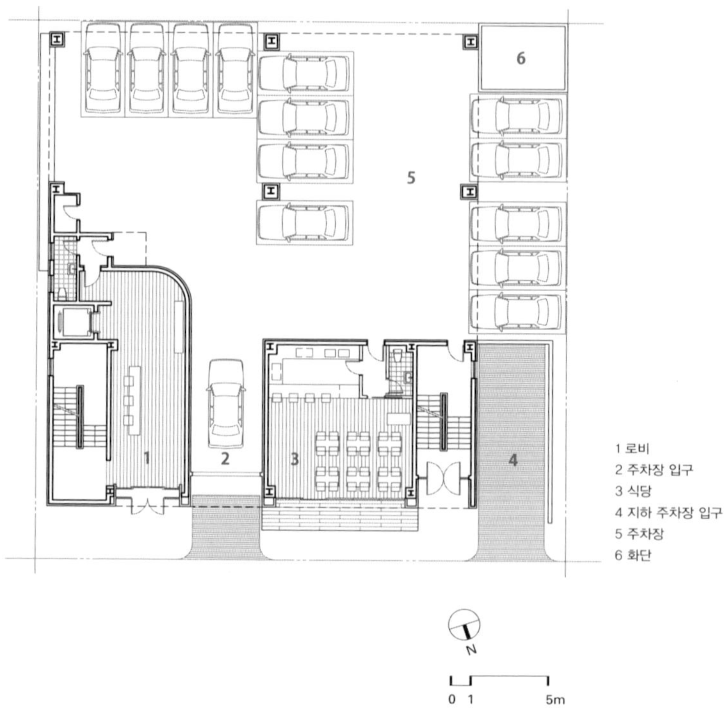

12

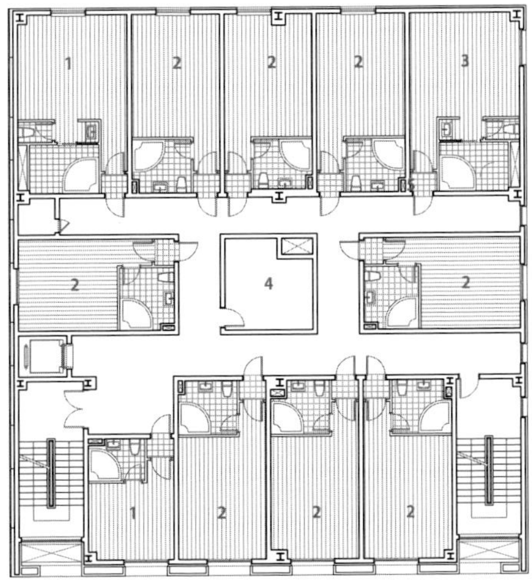

1 싱글룸
2 더블룸
3 스위트룸
4 린넨실

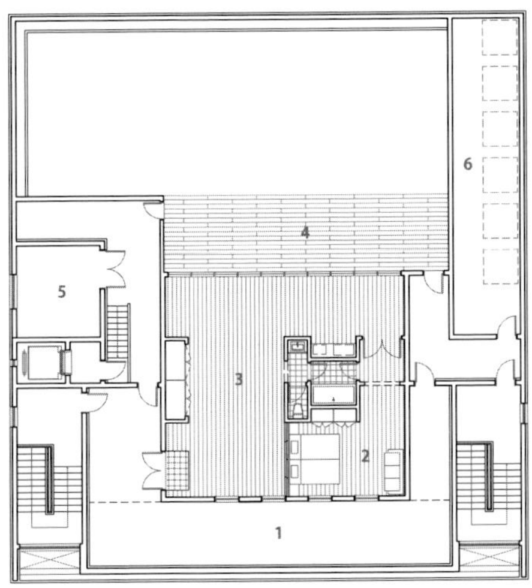

1 앞마당
2 객실
3 다목적실
4 야외데크
5 창고
6 에어콘실외기

13

호텔 본

모텔을 리모델링해 호텔로 만드는 작업이다. 모텔과 호텔의 차이는 무엇일까? 실질적인 정의보다 우리들의 선험적 인식에서의 차이가 궁금했다. 호텔에 비해서 모텔은 상당히 부정적인 인상을 준다는 점을 무시할 수 없을 것이다. 기존 모텔에서 우리는 사람에 대한 관심, 동네와 소통하는 건축의 모습을 전혀 찾아볼 수 없었다. 만약 이러한 기존의 영업 방식을 고수한 채, 건물에 새로운 껍데기만 덧씌우는 일이라면 아마 우리가 할 일은 아니라는 생각이 들었다. 실제로 이 지역의 모텔들은 2~3년마다 건물에 새로운 껍데기를 떼었다 붙였다 하며 화려한 외관으로 사람들의 이목을 끌기에 집중했다. 이곳에서 건축물의 파사드는 그저 소모적인 장식품 정도로 취급되고 있었다.

우리는 어떤 호텔을 만들 것인지 상당히 많은 시간 동안 건축주와 얘기했다. 그리고 우리는 변화로 인해 자칫 많은 공실이 발생할 수 있다는 우려보다는 새로운 변화에 대한 갈망이 더 크다는 사실을 알게 되었다. 그 새로운 모습은 기존의 음성화(?)된 모텔처럼 몰래 와서 잠시 머물다가는 장소가 아닌 애착을 가지고 여러 번 찾아올 수 있는 호텔, 호텔의 존재 가치를 적극적으로 지역에 알리고 운영하는 사람들이 일에 자부심을 가질 수 있는 호텔이 아닐까. 우리가 이 일을 해야 할 이유가 명확해졌다.

가장 먼저 한 일은 호텔의 '입구 만들기'였다. 입구를 만들기 위해서는 2층에 있던 로비를 1층으로 끌어내려야 하는데 1층에는 그럴 만한 공간이 없었다. 결국 고민 끝에 주차장 입구를 옮기기로 했다. 주차장 입구를 한 칸 밀면서 기존의 벽이 철거되고 새로운 벽이 세워졌다. 주차장 입구가 밀리면서 1층 점포의 면적은 줄어들 수밖에 없었다. 하지만 호텔은 제대로 된 호텔의 입구와 로비 공간을 갖추게 되었다. 로비 옆의 계단실 입구는 큰 창을 내어 각종 문화 관련 행사를 홍보할 수 있는 디스플레이 공간으로 바뀌었고, 기존 1층에서 24시간 영업하던 발마사지 숍은 다양한 음식을 맛볼 수 있는 호텔 직영 식당으로 바뀌었다. 옥상에 있던 주거 공간은 각종 행사나 모임을 주최할 수 있는 다용도 공간으로 계획했다. 이 새로운 부대시설 덕에 호텔을 찾는 고객층은 더욱 다양해질 것이다. 이렇게 찾아오는 새로운 유형의 고객들은 이 골목, 지역에서 또 다른 문화를 만들어 낼 수 있을 것이다.

다음으로 새로운 외관에 대한 전체적인 계획이 필요했다. 한정된 예산 때문에 사용할 수 있는 외장 재료는 제한적이다. 우리는 보다 본질적인 해결책을 찾기로 했다. 건물을 하나의 거대한 매스로 계획하고 백색 스터코로 마감해 단순함을 극대화하기로 했다. 이 단순한 외벽에서 가장 비중을 둔 부분은 건물 입면에 새로운 비례를 만들고 리듬을 부여하는 일이었다. 그러면서도 기존의 창호 면적을 유지해야 했다. 전면에 뚫려 있는 기존 4열의 창호를 양끝 계단실까지 확장해 전면에 총 6열의 개구부를 만들고, 건물 전체에 동일하고 반복적인 리듬감을 부여해 가볍지 않은 엄격한 질서를 만들어 냈다. 이 질서는 동쪽 측면으로 연결되고 결국 건물 전체로 확산되어 단순하지만 강렬한 인상을 만들어 낸다.

1 거리에서 바라본 호텔 본
2 고요하지만 엄격한 비례감이 있는 정면
3 'THE HOTEL BON'이라는 호텔 이름과 1층의 시설명을 벽면에 음각하고 조명을 달아 밤에도 인지할 수 있도록 했다.
4 깊게 파고 들어간 전면의 개구부는 입면의 무게감을 더한다.
5 시설명이 음각되어 있는 1층 외벽
6 로비의 내부 벽과 천장은 외벽과 같은 흰색의 스터코 재질을 적용했다.
7 객실의 내부 벽과 천장에도 외벽과 같은 흰색 스터코 재질을 적용했다.
8 호텔 본의 매스는 내 · 외부 모두 흰색 큐브 형태이다.
9 전면 개구부의 비례감과 리듬감은 측면에도 그대로 적용되었다.
10 정면도
11 단면도
12 1층 평면도. 1층에 로비와 레스토랑을 배치했다.
13 기준층 평면도(위), 옥상 평면도(아래). 기존의 객실 배치는 유지하면서 1층과 옥상에 부대시설을 추가했다.

위치
수원시 팔달구 인계동
용도
숙박시설, 편의시설
대지면적
774.70㎡
건축면적
531.04㎡
연면적
2831.64㎡
건폐율
68.55%
용적률
287.72%
규모
지상5층, 지하1층
구조
철근콘크리트 조
외부마감
스터코 플렉스
내부마감
석고보드 위 테라코타
설계 연도
2012
준공 연도
2013
건축주
더 호텔 본
설계담당
김민석, 박현진
사진
남궁선

THE HOTEL BON

This project was about creating a hotel by remodeling an existing motel. What makes a hotel different to a motel? Beyond the terminology from the dictionary, what we wanted to discover was the difference in the way we perceived them. In truth, motels often elicit negative emotions in a way that hotels do not. In our research into motels we were not able to find any that operated with affection about their community, or indeed the people they interact with in general. If the project was simply about changing the facade of the motel while keeping the existing operational approach intact, we would not have taken on the project. Motels in this region transform themselves with a new facade every 2~3 years to compete for more guests. Thus, the façade of a building is often considered expendable.

We spent a considerable amount of time with the client discussing the kind of hotel he was hoping for. It became clear that his desire for change was greater than his concern that the change may result in many vacant rooms. The new hotel would not be a conventional motel for furtive meetings, but a hotel whose value is proactively shared with its community and where staff could feel proud to work. It would also be a place where guests would visit and return with affection. This clarified our purpose for this project. The first thing was to create an entrance for the hotel. To do this we had to move the lobby from the second floor to the ground floor but there was not enough available space on the ground floor. After some thought, we made the drastic decision to move the parking lot entrance. We moved the entrance over by about 3meters, demolishing an existing wall and erecting a new wall in its place. The retail space on the ground floor inevitably became smaller due to the shift of car-park entrance. But the hotel now boasts a fully furbished entrance and lobby space. Beside the lobby, the entrance to the stairs has a large window which can be used a display space to promote different events in the community. The 24-hour foot massage parlor that had been on the ground floor is now a hotel-run restaurant serving a variety of dishes. Its rooftop residence was transformed to a multi-purpose space to hold events and meetings. Our hope was that these new auxiliary facilities would attract a wider demographic, creating a different culture in this street and in this area.

Next, we needed to define our vision for the building as a whole. As a limited budget narrowed the scope of what we could do with external materials, we really had to go back to basics in our thinking about the design. The final design was to have the building as a huge mass with a white stucco finish. The design direction was to maximize simplicity. The aspect that we focused on most was to create a new dimension and rhythm to the front of the building while keeping the dimensions of the existing fittings intact. The stairways on both sides of the building allowed us to add two windows on each floor, one of each end of the floor. In this way, the original four windows on each floor became a total of six windows, giving a sense of symmetry and rhythm and producing a rigorous sense of order. This order also links to the east side of the building and ultimately encompasses the whole building, leaving a simple yet strong impression.

1 Street view of Hotel Bon
2 (Hotel Bon) The front façade illustrates the tranquil yet strict proportions of the design
3 The Hotel name and the first floor facilities are engraved in the wall which will be illuminated at night
4 The main entrance. The deep orifices of each entrance gives density to the overall mass
5 The remodeled first floor
6 The walls and ceilings in the guest rooms have the same white stucco finish as the outer walls
7 The walls and ceiling of the lobby have the same white stucco finish as the outer walls
8 Hotel Bon's interior and exterior all comply with the conditions of a fundamentally white cube-shaped mass.
9 The sense of proportion and rhythm in the front of the building can also be observed from the side.
10 (Hotel Bon) The entrances in the front façade have equal proportions.
11 (Hotel Bon) The front façade. Rooms are on the second through fifth floors with the rooftop for special events
12 A flat floor plan of Hotel Bon showing the lobby area and the restaurant.
13 A flat floor plan of each floor. The existing room plans were kept but additional facilities were suggested for the first floor and the rooftop

Location
Ingye-dong, Paldal-gu, Suwon-si, Kyunggi-do, Korea
Use
accommodation facility / convenience facility
Site area
774.70m^2
Building area
531.04m^2
Gross area
2831.64m^2
Building coverage ratio
68.55%
Floor area ratio
287.72%
Stories
5 ground floors / 1 underground floor
Structure
reinforced concrete frame
Exterior finish
stucco flex finish
Interior finish
terracotta finish on top of gympsum board
Year of design
2012
Year of completion
2013
Client
The Hotel Bon
Design
Minseok Kim, Hyeon Jin Park
Photos
Sun Namgoong

PROJECT
BLACK HOUSE

프로젝트
시우정

P.186—P.203

1

2

3

4

5

6

7

8

9

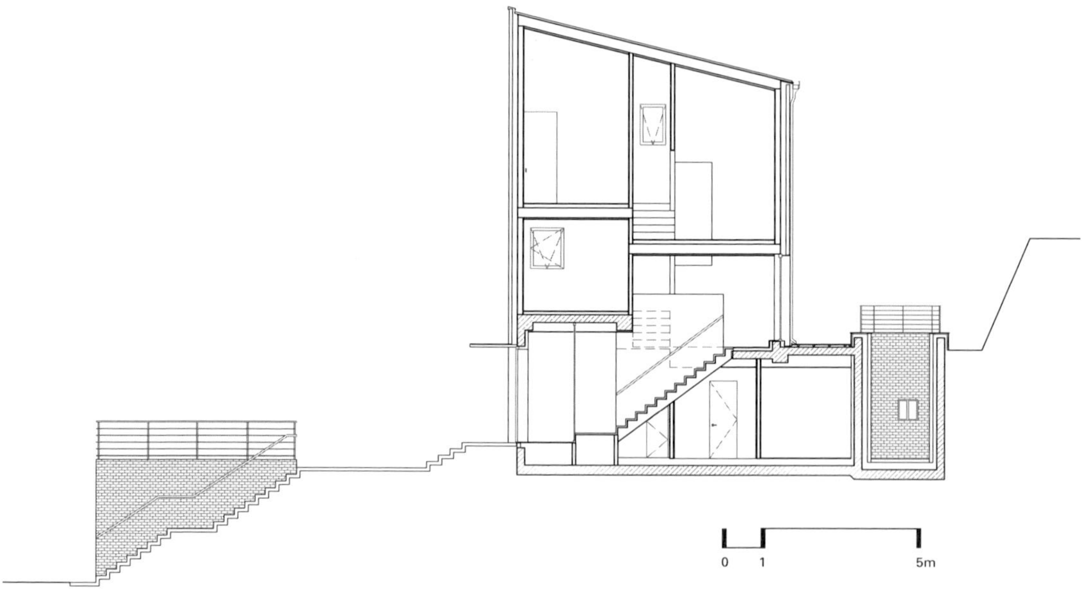

10

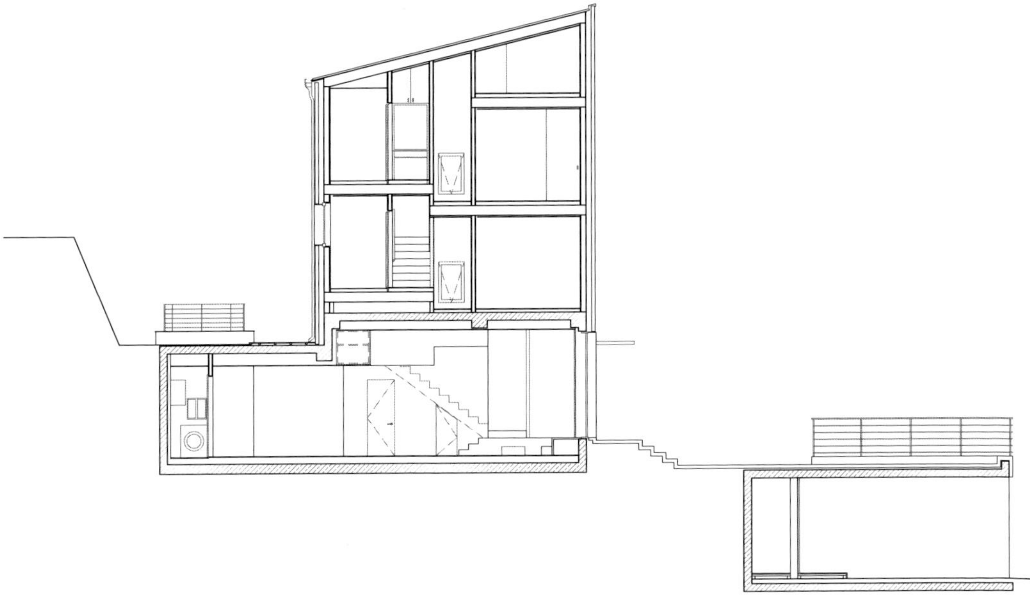

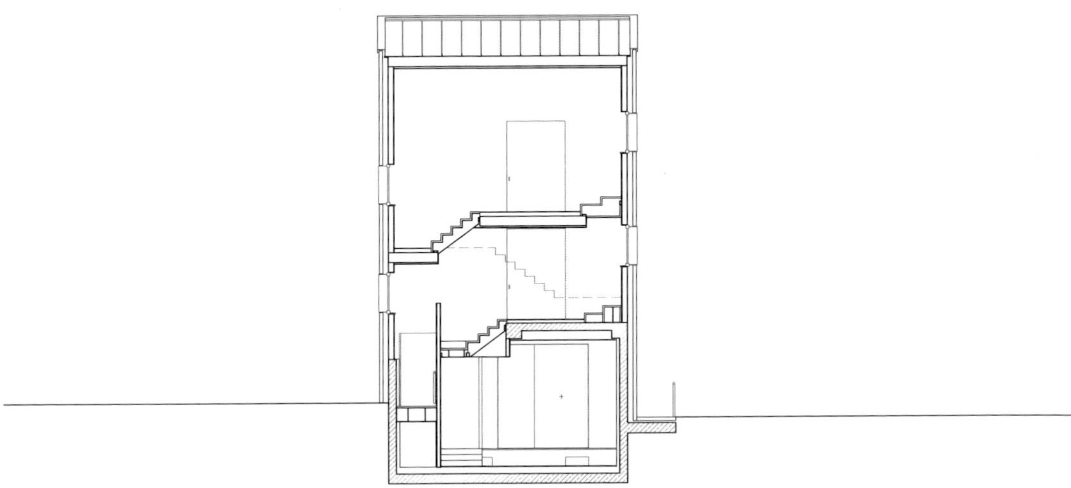

11

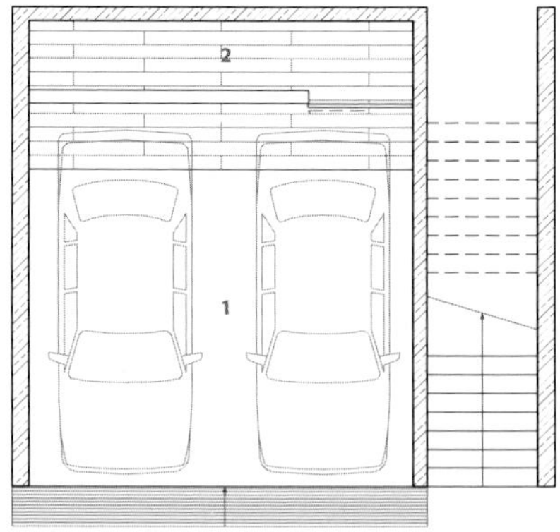

1 차고
2 창고

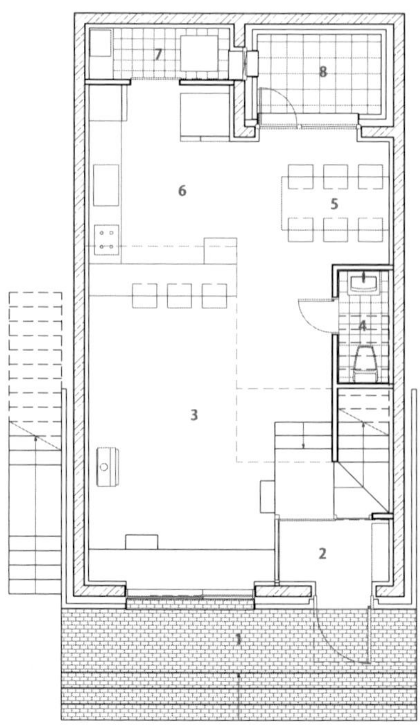

1 앞마당
2 현관
3 거실
4 화장실
5 다이닝 룸
6 부엌
7 다용도실
8 후정(D/A)

12

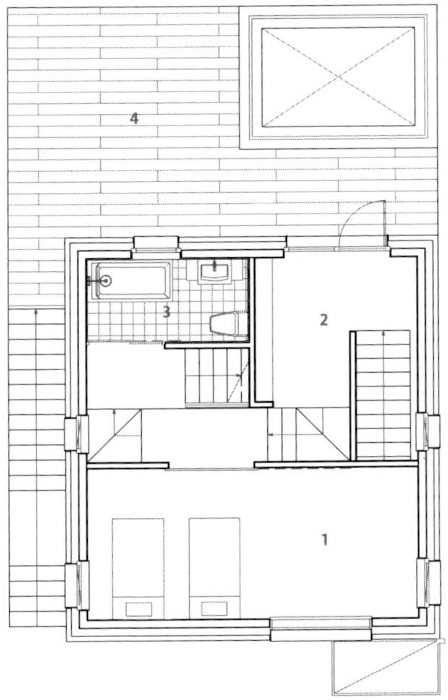

1 아이들 방
2 공부방
3 화장실
4 뒷마당

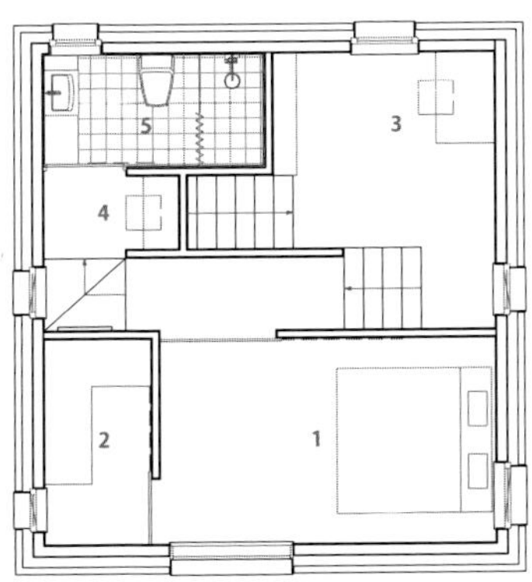

1 부부침실
2 드레스룸
3 놀이방
4 파우더룸
5 화장실

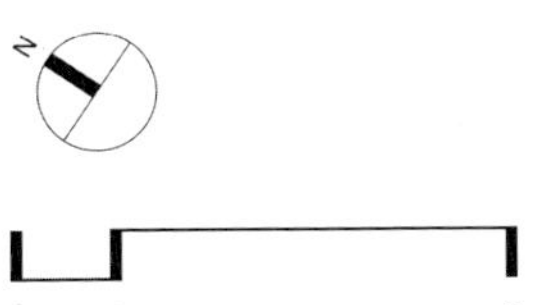

13

시우정

대지는 광교산 동쪽 줄기의 남사면을 개발해 조성한 스마트타운에 있다. 전원에서 한적하게 가족들과 시간을 보내고 싶지만 여전히 도시와 연계해 살고 싶은 젊은 부부들에게는 상당히 매력적인 보금자리이다. 180㎡(60평) 크기의 대지는 남북방향으로 가늘고 긴 땅이다. 거실과 부엌이 있는 1층은 경사지의 특성상 건물 1층의 측면과 후면이 묻히기 때문에 지하층으로 인정되어 건폐율 20% 적용을 받지 않게 된다. 이런 입지 상황은 지상층에 비해 상대적으로 더욱 넓은 공간을 쓸 수 있다는 장점이 있다. 지상층에 건폐율 20%를 적용하면 실질적으로 한 층당 실제 건축면적은 36㎡(12평) 정도이다. 세 개 층 규모이므로 계단실을 넣어야 하고 여기에 각 방으로 연결하는 복도가 있어야 하므로 공간 계획은 녹록치 않았다. 그래서 계단실을 해체해 계단을 복도와 결합시킬 수는 없을까 고민하기 시작했다. 생각은 확장되어 획일적인 계단의 형태에서 벗어나 골목길처럼 구불구불하고 다양한 레벨을 연결하는 계단을 만들어 보기로 했다. 각 방과 화장실의 바닥 높이가 모두 달라져서 시공사 사장님은 건축주에게 불편할 거라고 했고, 또 다른 사람은 계단이 너무 많다고 했다. 하지만 실제 계단 수는 그대로이고 공용공간이 최소화되어 오히려 작은 서재와 같은 부속실이 생겨났다. 다른 집에 비해서 시공은 약간 복잡했지만, 결과는 훌륭했다. 각 층마다 방과 화장실을 연결하는 너다섯 개의 계단은 아이들이 항상 뛰어놀거나 앉아서 책을 읽을 수 있는 공간이 되었고 각 실의 다양한 바닥 높이는 풍부한 공간감을 제공한다. 또 다른 수확은 각 방과 화장실의 층고를 조정할 수 있어서 가령, 남향의 방들은 높은 층고를 확보할 수 있고, 북쪽의 화장실은 층고를 상대적으로 낮추어 계획할 수 있었다.

집에 대한 생각

"어떤 집에서 살고 싶은가?"라는 질문에 앞서, "집에서 어떻게 살고 싶은가?"에 대한 질문을 던져 본다. 이 질문에 대한 답은 단순히 집에서 어떤 활동을 할지에 대한 사유에서 출발해 가족 구성원들이 혹은 이웃들이 어떻게 마주치며, 어떻게 소통하며, 어떻게 어울리고 싶은지에 대한 사람들 사이의 관계에 대한 사유이다. 더 나아가 미래에 일어날 수 있는 상황들, 예를 들어 자식들이 분가한 이후에 그들이 점유하던 공간을 어떻게 활용할지 등의 다양한 삶의 행태에 대한 사유로 확장될 것이다.

건축가는 건축주와 대화를 하며 그들의 삶에 대한 다양한 경험과 생각들을 듣고 소통하는 과정을 가진다. 집을 설계한다는 것은 집을 스케치하고 구축하는 물리적인 행위일 뿐 아니라 더불어 어떻게 살아갈지에 대한 사유의 과정이라고 생각한다. 집은 결국 그 결과물 자체가 우리 삶에 대한 또 다른 사유의 흔적이다.

1 하늘을 담아 푸른색으로 보이는 창과 검은 전벽돌 입면이 고즈넉해 보인다.
2 대지 면적 60평 정도의 남북으로 긴 좁은 땅에 자리한 시우정의 정면
3 각 층에 나 있는 조망용 창은 전벽돌 표면보다 살짝 안쪽으로 들여 설치해 입면에 입체감을 부여했다.
4 벽과 천장을 흰색 페인트로 마감해 빛의 움직임에 따라 달라지는 음영이 표현되도록 했다.
5 부엌의 흰 벽과 다양한 재질의 마감재가 모던한 분위기를 만들어 준다.
6 계단실은 해체해 다양한 레벨을 만들며 각 실을 연결한다.
7 마을 쪽으로 시원하게 뚫린 2층의 아이 방 전면 창
8 주차장과 집, 그리고 후정은 외부 계단을 통해 연결된다.
9 내부 동선 및 건물과 경사지형의 관계를 살펴 볼 수 있는 1:25 모형
10 단면도. 도로에서부터 집으로 진입하는 동선 및 건물의 전면과 후면에 위치한 마당의 레벨 차이를 보여 준다.
11 단면도. 실들의 다양한 레벨 차이와 연결 관계를 보여 준다.
12 주차장 평면도(위), 지하 1층 평면도(아래). 지하 1층은 입구 및 거실과 부엌이 있는 실질적인 1층이다.
13 1층 평면도(위), 2층 평면도(아래). 아이들 방과 부부침실을 남측에 배치하고, 기타 실과 화장실은 북측에 배치했다. 계단이 반 층 씩 올라가면서 각 실들을 연결한다.

위치
경기도 용인시 수지구 동천동
용도
단독주택
대지면적
201.01㎡
건축면적
39.60㎡
연면적
136.84㎡
건폐율
19.70%
용적률
68.42%
규모
지상 2층, 지하 1층
구조
지하층 철근콘크리트조, 지상층 경량목구조
외부마감
전벽돌 쌓기
내부마감
석고보드 위 도색
설계 연도
2014
준공 연도
2014(예정)
건축주
김보준
설계담당
김민석, 박현진, 김지아

BLACK HOUSE

The site is located in Dongchun-dong within a 'smart town' which developed where the south-facing slope of an eastern range of Mt. Gwanggyosan. It is a residential area attractive to young couples looking for quiet rural lifestyle but still wish to be connected to the city. This 180m^2 lot is a thin and long piece of land stretching from north to south. The slope of the land means that the back and sides of the ground floor, where the living room and kitchen are, are considered as underground. This meant that we could utilize a larger building coverage ratio than the rest of the building where a building coverage ratio of 20% is enforced, resulting in about 36m^2 per floor. As a three-story building, stairs and corridors also had to be added to connect each room. Thus, this increased communal area made proper spatial planning difficult. This dilemma led us to wonder whether it is possible to remove the staircase hall and combine it with the corridor. We extrapolated this idea and decided to build stairs that wind downwards like an alley, rather than the typical uniform stair style, to link the various floors. The contractor initially felt that this design would consequently lead to different floor levels for each room and each bathroom, causing inconvenience to the client. Some even pointed out that there would be too many stairs. But it actually has the same number of stairs and minimizes common use space, instead creating space for a small library-like auxiliary room. Construction was slightly more complex than for other houses but the outcome was superb. The 4~5 stairs which link each floor become spaces where the children can play or read. The varying floor heights of each room offer rich spatial impressions that allow the eye to travel. Adjusting the height of each also enabled higher heights for south-facing rooms and lower heights for north-facing bathrooms.

Thoughts on Housing

The question 'how do I want to live in a house?' should be asked before the question 'what kind of a house do I want to live in?' The answer to this question begins by simply thinking about the sort of activities I plan to lead in the house. This then leads to thinking about relationships, and looking at how family members or neighbors meet, how they communicate and how they interact. Finally one then thinks about various living patterns and what might happen in the future - for example, how might you use the space currently occupied by children after they have moved out.

An architect goes through the process of understanding his client's experiences and opinions through conversation. Designing a house is not simply the physical act of sketching and constructing a house but also the process of thinking about the act of living together. The house itself is the product of all these things, and also another form of edivence of our thoughts on life.

1 A full frontal view of Black House reveals a black and grey brick wall, glass, and the sky.

2 Full-height windows on each floor look out towards the village.

3 The windows were set slightly back from the surface of the building, to give a sense of depth to the building.

4 Matte white painting finish was used on the walls and ceiling to allow the subtle play of shadows across the surface.

5 A variety of materials were used and carefully designed to come together in the kitchen.

6 By separating the stair halls, each of the rooms are connected by varying levels.

7 The whole village can be viewed from the full height windows in the children's room on the second floor.

8 The car park, the building and the rear garden are connected through the external stairwell.

9 1:25 model. The relationship between internal paths, the building, and the slope that the house is built on can be seen here.

10 Section. The route from the road into the entrance to the house and the difference between the elevation in the front and back can be seen here.

11 Cross section. The different elevation levels of the rooms and the way they connect can be seen here.

12 Garage plan (top), basement floor (bottom). The basement floor functions as the first floor, where the entrance, the living room and the kitchen are all located.

13 First floor (top), second floor (bottom). The children's and master bedrooms are located on the southern side and other rooms and bathroom are placed on the northern side. Each room is connected with half a flight of stairs.

Location
Dongcheon-dong, Suji-gu, Yongin-si, Gyeonggi-do, Korea
Use
housing facility (detached house)
Site area
201.01m^2
Building area
39.60m^2
Gross area
136.84m^2
Building coverage ratio
19.70%
Floor area ratio
68.42%
Stories
1 underground floor, 2 ground floors
Structure
Reinforced concrete structure (Foundation and basement floor), Lightweight wood structure
Exterior finish
Brick laying
Interior finish
Paint on drywall
Year of design
2014
Year of completion
on schedule for 2014
Client
Bojoon Kim
Design
Minseok Kim, Hyeon Jin Park, Ji A Kim

PROJECT
THE SCHOOL OF HOPE-FLOWER

프로젝트
희망 꽃 학교

P.204—P.219

1

2

3

4

5

6

7

8

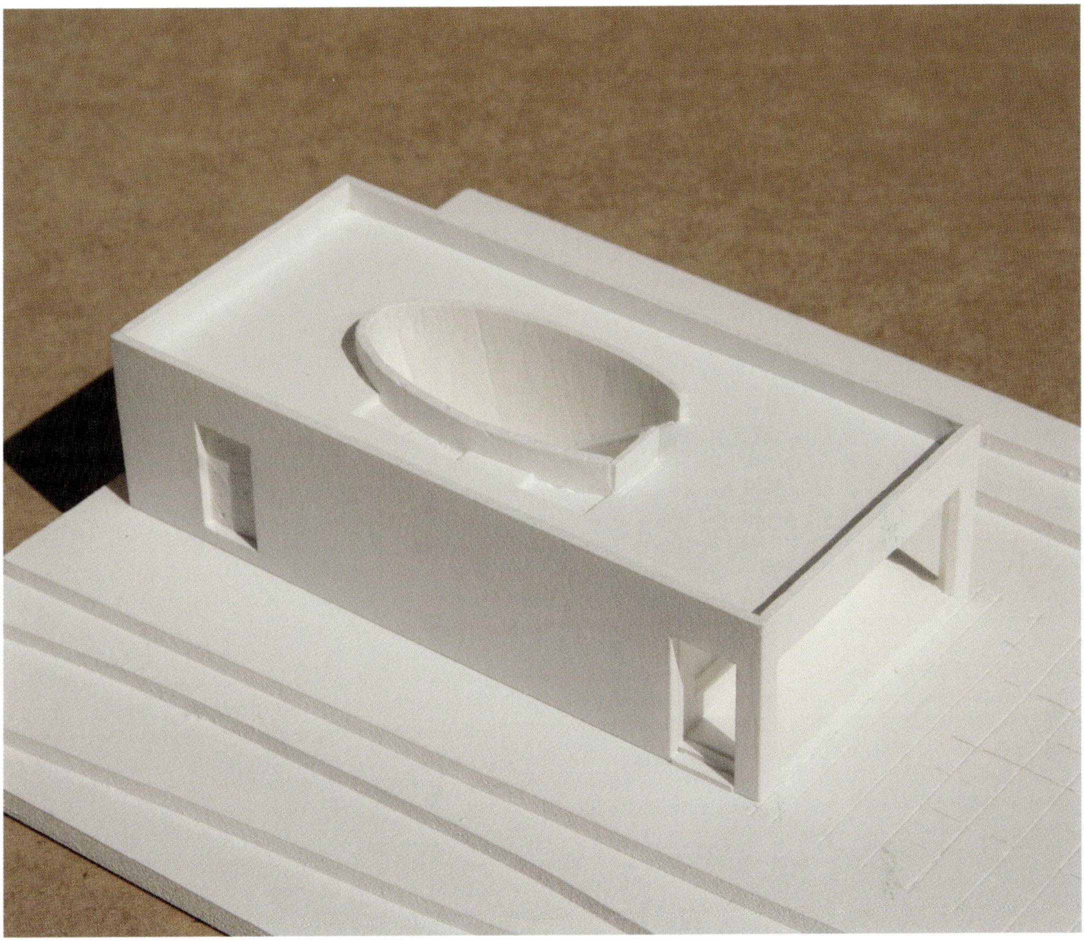

9

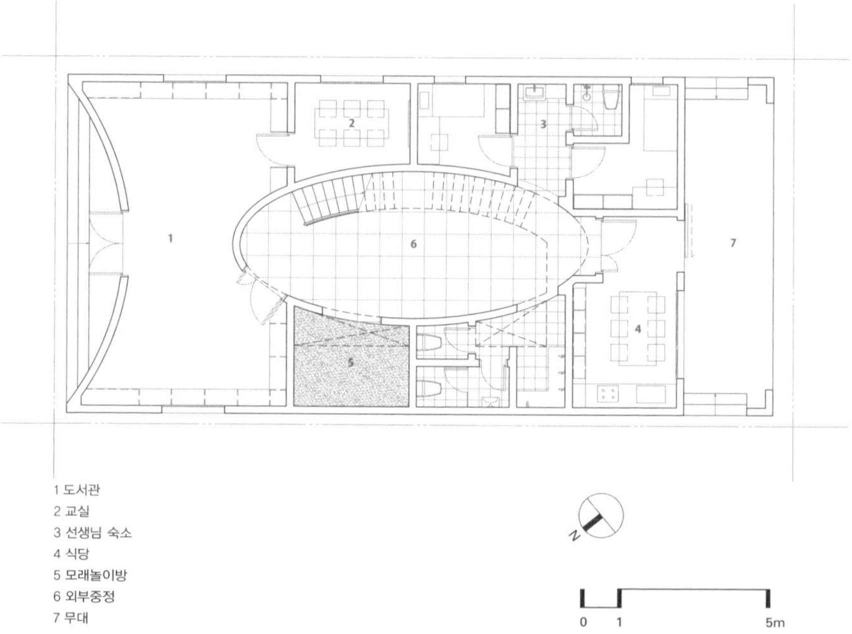

1 도서관
2 교실
3 선생님 숙소
4 식당
5 모래놀이방
6 외부중정
7 무대

10

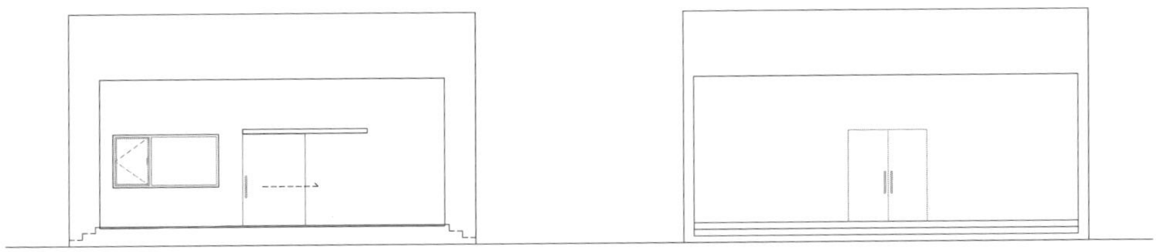

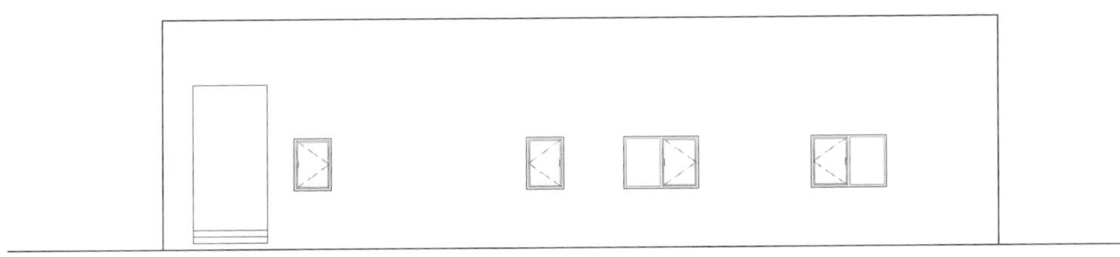

11

희망 꽃 학교

볼리비아는 남미대륙에 위치한 내륙국으로 경제 · 교육 · 문화적으로 빈곤을 겪고 있다. 인구의 절반가량이 빈곤층이며, 문맹률도 높다. 대상지는 볼리비아에서도 경제 수준이 가장 낮은 포토시의 25개 마을 공동체 중에서 산간지역에 있는 뽀꼬뽀꼬 마을이다. 매년 1~2월 우기에는 도로가 유실되어 심지어 기본 자원의 확보마저 어려운 곳이다. 이 마을에 교육 및 문화의 중심이 될 공간을 제공하기 위해 국내의 한 자선단체에서 희망꽃 학교 프로젝트를 시작했다. 우리는 이 사업에 설계 및 감리 용역 재능기부 형태로 참여했다. 올해 9월에 착공했으며 현재 기초 공사가 진행 중이다.

우리에겐 전혀 낯선 환경, 낯선 문화권이었기 때문에 우리는 공간과 그들 간의 조직을 계획하면서 여러 시행착오를 겪었다. 건축주와 수차례에 걸친 협의 후에 희망꽃 학교는 학교시설이지만 때론 마을회관이어야 하고 현지에 상주하는 선생님들의 숙소여야 하고, 식당도 있어야 하는 복합공간이어야 한다는 사실을 알게 되었다. 이러한 복합적인 프로그램들이 서로 충돌하지 않고 조화롭게 사용될 수 있도록 각 공간은 유연하게 기능할 필요가 있었다. 따라서 건물의 가운데에 외부 중정을 두고 이 타원형 중정을 거쳐 각 실로 이동하도록 했다. 중정은 일 년 내내 온도가 균일하고 짧은 우기를 제외하면 비교적 건조한 기후에 속하는 지역의 특성상 외부공간을 선호하는 지역민에 대한 배려다. 또한 아이들이 각 실을 이동할 때 내부와 외부를 반복적으로 넘나들게 해 도서관, 모래놀이방, 계단, 옥상 등을 마음껏 오가며 학습하고 또 뛰어놀 수 있게 했다. 건물의 전면부에는 도서관, 후면부에는 식당을 두어 건물 내부로의 접근성 및 시설의 활용도를 높였다. 건물의 남측 면에는 대지 옆에 위치한 운동장과 연계해 무대를 만들어 마을 행사 때 이용할 수 있게 했다.

공정 여행가는 전 세계 이곳저곳을 다니는 유목민 같은 존재이다. 장소에 깊이 유착되는 건축가와 과연 아무 문제없이 일을 진행할 수 있을지 걱정되었다. 또한 우리가 직접 가서 볼 수 없는 현장이라 혹시 처음에 의도한 것들이 하나둘씩 현지 사정에 의해서 사라지지는 않을까하는 우려도 있었다. 하지만 담당자가 매주 보내오는 현장사진을 보니 기우였다. 분명 우리와는 다른 방식이지만 그는 동료들과 현장에서 함께 직접 기초를 위한 땅을 파고 거푸집을 대고 기둥을 세우는 등 우리의 생각보다 훨씬 잘 해 나가고 있었다. 물론 처음에 우리가 제안했던 콘크리트 구조가 갑자기 조적 구조로 바뀌어서 당황스럽기도 했지만, 결국 각자의 위치에서 전혀 연고가 없는 지구의 정반대편에 사는 사람들을 위한 공동체 공간을 함께 만들어 간다는데 이 프로젝트의 가치가 있는 것이다. 기부한 사람들, 여러 가지 다른 형태로 이 일에 참여한 모든 사람들의 마음과 염원이 앞으로 지역의 주민들에게 문맹 타파와 빈곤 극복이라는 스스로의 자부심과 애정으로 나타나기를 진심으로 희망한다.

1 대지 주변 풍경
2 희망꽃 학교는 산사면 아래 작은마을의 초입에 자리한다.
3 마을 주민과 상주 선생님이 함께 힘을 합쳐 건물의 기초를 파고 있다.
4 계획보다 넓은 도서관 공간을 확보하기 위해 기존의 곡면 벽이 수직 벽으로 바뀐 출입구
5 가장 굴곡이 심한 타원형 중정의 벽체부분
6 외부 벽 공정을 마무리하고 바로 옥상 바닥공사가 시작되었다.
7 건물 내부에서 타원형 중정을 바라본 모습
8 석고로 만든 모형은 각 공간에 음영을 극대화시켜 공간감을 잘 드러낸다.
9 기본적으로 직육면체의 단순한 매스로 계획되었다.
10 평면도. 가운데에 있는 타원형 중정에서 학생들의 다양한 활동이 일어날 것이다.
11 입면도. 하늘로 열린 공간이 있어서 외부 개구부는 단순하지만 대담하게 계획했다.

위치
볼리비아 포토시 뽀꼬뽀꼬
용도
문화교육시설
대지면적
200㎡
건축면적
138.43㎡
연면적
138.43㎡
건폐율
69.22%
용적률
69.22%
규모
지상1층
구조
철근콘크리트 조
외부마감
노출 콘크리트
내부마감
미장 위 수성페인트
설계 연도
2014
준공 연도
2015(예정)
건축주
희망꽃 재단
설계담당
김민석, 박현진, 김지아

THE SCHOOL OF HOPE-FLOWER

Bolivia is an inland country in South America, experiencing economic, educational and cultural poverty. Half the population lives under the poverty line and consequently there is a high illiteracy rate. The venue of our project is the Poco Poco village, located in a mountainous region and one of 25 villages belonging to the Potosi community. Every January and February, for the monsoon season, this poverty stricken area suffers from loss of roads. During these months, even basic resources are hard to come by. The School of Hope-flower project was launched by a charity group to provide a space for this village that could be used as a school and also as a cultural center. We are involved in the form of donating our skills in design and supervision required for this project. The construction took place September this year, aiming to finalize it March 2015.

The school is situated in a completely unfamiliar environment and cultural sphere for us. So we experienced many trials and errors while planning the space. While we developed many alternatives and consulted with the client on numerous occasions, we learned that the School of Hope-flower is a multi-purpose public space comprising the role of village community center as well as accommodating personal lodgings and a cafeteria facility for teachers residing in the area. Therefore, each space has to function flexibly so that such diverse programs can fit in it. Against this background, we proposed an external courtyard in the middle of the building that allows access to the different rooms. This proposal took into account the fact that village people prefer the outdoors as the village's local climate conditions keep its temperatures constant year-round and this village is relatively dry except for a short monsoon season. It was also based on our wish to create a more pleasant environment by locating this outdoor space within the environs of the building. The building is deliberately designed in such a manner that kids can repetitively go in and out of the building when they move rooms, to learn and play in the library, the sand-play room, the staircase and the roof of the building. The library was placed at the front of the building and the restaurant at the back to help accessibility to both facilities. A stage is planned for the south side of the building, to be used for village events alongside the playground, which is located next to the site.

A fair traveler is like a nomad who wanders across the world. This contrasts somewhat with an architect who is deeply attached to a given location. As we were unable to visit the site for ourselves we also had some initial concerns about how well our designs would carry through on site, once local conditions were taken into account. However, pictures of the project site sent by the client every week have confirmed that our worries were unfounded. Though they have definitely taken a different approach, he personally digs the ground with his colleagues and erects columns on the project site using a mold. Our partnership is working far more effectively than we could have hoped for. Of course, at first we felt somewhat surprised by the sudden change to a masonry structure from the concrete structure that we had originally proposed. But at the end of the day, the value of this project is in joining forces to create a community space for people who live on the other side of the world, with no connection with us at all, each in our respective given capacity. Therefore, it is our sincere wish that the passion and the hope of all the donors and all those who are participating in various capacities will translate into the pride and the affection of the village people in their efforts to overcome illiteracy and poverty.

1 Surrounding scenery
2 Hope Flower School is located at the entrance of a small village situated under a mountain slope.
3 Villagers and teachers digging the ground together to lay the groundwork for the school
4 The entrance. The curved wall was changed to a vertical wall to create more space for the library.
5 The construction site for the walls for the oval courtyard
6 As the process for the exterior wall nears completion, floor construction on the rooftop begins
7 A view of the oval courtyard from the building
8 Plaster models magnify the effect of shade to illustrate the space
9 The original design as a simple rectangular mass
10 Students will engage in diverse social activities in the oval courtyard.
11 The exterior opening of the building is designed simply yet boldly by creating an opening towards the sky.

Location
Poco Poco, Potosi, Bolivia
Use
cultural education facility
Site area
200m^2
Building area
138.43m^2
Gross area
138.43m^2
Building coverage ratio
69.22%
Floor area ratio
69.22%
Stories
1 ground floor
Structure
reinforced concrete structure
Exterior finish
exposed mass concrete
Interior finish
water paint over plastering
Year of design
2014
Year of completion
2015 (planned)
Client
Hope-Flower Foundation
Design
Minseok Kim, Hyeon Jin Park, Ji A Kim

인터뷰

“시간이 지날수록 더 빛나는 건축, 감동을 빚어내는 건축을 꿈꾸죠”

김민석 · 박현진 x 이은주

이은주:
김민석 · 박현진 두 소장께서 어릴 때부터 친구 사이라고 들었습니다. 두 분 모두 건축에 특별히 관심 많은 학창시절을 보내셨나요?

김민석:
고등학교 때까지는 건축에 대해 잘 몰랐습니다. 고등학교를 졸업하고 컴퓨터공학과에 들어갔는데 적성에 맞지 않아 1학기를 마치고 재수를 했습니다. 그때 비로소 진로에 대해 곰곰이 생각하며 어떤 전공이 적성에 맞을지 고민하게 됐죠. 제가 어렸을 때부터 그림 그리기를 좋아해서 왼손으로 하루에도 많은 양의 스케치를 무작정 그렸던 기억이 났어요. 하지만 갑자기 미대를 준비할 수는 없었고(웃음), 무지했지만 그런 연관성 때문에 건축학과에 지원했어요. 대학교 입학 이후로는 마법처럼 건축에 매혹돼 신기하게도 한눈 팔지 않고 이 길로만 쭉 오게 됐습니다.

박현진:
건축과에 가게 된 동기를 이야기하기에 앞서 저희 부모님에 대해 말씀드려야 겠네요. 부모님 세대의 경험이 거의 비슷하겠지만, 부모님은 집에 대한 로망이 크셨어요. 어려서 서울로 상경해 사글세로 방한 칸 구해서 자주 이사를 다녀야 했던 세대이니까요. 저는 부모님의 집에 대한 로망을 온전히 이해한다고 생각했어요. 그렇게 유년시절과 학창시절을 보내다가 1990년대 중반에 드라마 〈사랑의 인사〉에서의 이병헌, 〈느낌〉에서 손지창이 건축과 학생, 인테리어 디자이너로 출연하는 것을 보고 건축과와 건축가를 알게 되었습니다. ‘아, 이 직업이면 부모님의 꿈을 현실화하는데 빠른 길이 될지도 모른다’라는 무지에서 건축과를 고집했던 것 같습니다. 지금 돌이켜 보면 아주 비현실적이었죠. 그리고 부모님은 이미 자신들의 거처를 두 번이나 스스로 지으셨는데, 그 당시 저는 눈곱만치도 도와드리지 못했습니다. 지금도 이 생각하며 혼자 웃음 짓곤 합니다(웃음).

이은주:
대학에 들어가 건축가라는 직업이 내게 맞겠구나 하는 것을 바로 아셨나요. 각자 언제쯤 건축의 매력에 빠져들었습니까?

김민석:
대학에 입학해 설계 수업을 들으며 제가 이 일은 잘해 낼 수 있겠다는 생각이 들었습니다. 대학을 중퇴하고 런던으로 가서 유학 중일 때는 자신감이 최고조에 달했고요(웃음). 제가 다녔던 학교(AA)가 별다른 수업 없이 1년 내내 하나의 프로젝트에만 매진하는 시스템이라서 그런지 프로젝트에 흠뻑 빠져서 지낸 기억이 강렬하게 남습니다. 그때 굉장히 다양한 생각들, 표현 방법들을 다양한 문화권에서 온 사람들과 나누며 또 경쟁하며 내 프로젝트에 애착을 가지는 태도를 배웠습니다. 그래서인지 졸업하고 나서 취직한 후에 회사생활이 참 힘들더군요(웃음).

박현진:
건축가라는 직업이 내게 맞는지는 대학 입학했던 때나 20년이 조금 모자라게 지난 현재나 잘 모르겠습니다. 그냥 그때나 지금이나 마찬가지라고 생각하는 것은 건축이란 게 그전에 공부할 때처럼 하나의 답을 알기 위한 학문이 아니라는 점이죠. 하나의 문제에 대해 여러 가지 의견이 나올 수 있고 이 의견들이 다양한 방식으로 교환되고, 때로 나의 의견이 좋은 반응을 얻게 되며 느끼는 희열이 이 업계(?)에 머물고 있는 이유가 아닐까 생각합니다. 이게 건축의 매력인 것 같습니다.

이은주:

각각 영국 AA스쿨과 독일 카셀대를 선택한 동기가 궁금합니다. 그곳에서 받은 교육은 한국과 비교해 어떻게 달랐습니까?

박현진:

독일에서 어학 공부를 마치고 학교를 찾을 때, 제 아내도 같이 박사과정 자리를 찾고 있었습니다. 아내와 같이 학업을 할 수 있는 학교를 찾는 게 가장 중요한 조건이었습니다. 카셀은 그때 당시 유일하게 학사와 석사를 구분하는 학제를 가진 학교로 다른 도시의 대학교들 보다 1년에서 1년 반 정도 빨리 졸업할 수 있었습니다. 카셀의 수업 방식이 가장 다른 것은 학생이나 교수들이 주도적으로 자신의 수업을 찾고 진행한다는 점입니다. 특히 프로젝트 수업은 개강 전에 하루 일정을 잡아 전 교수들이 자신의 수업 내용과 프로젝트 진행 방식을 설명하고, 학생들이 자신이 원하는 프로젝트를 신청합니다. 그러고는 프로젝트 마지막 날도 모두 일정을 잡아서 각 프로젝트 별로 교수가 다른 교수들과 학생들 앞에서 자신의 수업의 과정과 결과에 대해 발표하고 서로 의견을 나누죠.

김민석:

대학 휴학을 하고 런던에서 먼저 어학연수를 시작했는데 시간이 많이 남아서 학교를 자주 찾아가서 유명 건축가들의 강의도 듣고 심지어 반별 크리틱에도 참여하며 학교에 매력을 느끼게 됐습니다. 어찌해서 인터뷰까지 보게 됐는데 괜찮은 조건이 와서 입학을 하게 됐고, 그 이후로 런던에서 10년을 살게 되었죠(웃음). 학교생활을 시작하니 외부에서 관찰할 때와는 상당히 달랐습니다(웃음). 일단 모든 게 치열한 경쟁구도라서 각 학생들에게 주어지는 압박감이 상당했어요. 개성이 다양한 반(유닛)들이 개설돼 있고, 본인이 1년을 보낼 반과 선생님을 학생들이 직접 선생님들과 면접해 고를 수 있다는 점이 새로웠습니다. 그리고 한 반 안에 2, 3학년(intermediate course) 그리고 4, 5학년(diploma course)을 섞어놔서 학생들이 서로 경쟁하며 배울 수 있다는 점이 국내 교육과는 큰 차이입니다. 또한 한 달에 한 번씩 매우 다양한 외부 인사들을 초청해서 학생들이 자신의 프로젝트를 발표할 수 있는 기회를 줍니다. 이를 통해서 자신의 생각을 표현하고 생각의 논리를 검증할 수 있다는 점이 강점이라는 생각이 듭니다. 학교에서 일어나는 모든 크리틱이 일반에 공개되어 있다는 사실은 개방적이고 소통하려는 이 학교의 성격을 대변합니다.

이은주:

해외에서의 학업과 실무를 정리하고 한국으로 돌아온 뒤 가장 힘들었던 때는 언제였습니까?

김민석:

돌아와서 노션을 시작하기까지 2년 정도가 정신적으로 힘들었습니다. 어떻게 시작할지 조금은 막막했고, 내가 하고 싶은 건축과 멀어지지 않을까 하는 생각이 제일 힘들었습니다. 노션을 시작하고 나니 그런 걱정은 덜 하지만 이제 매달 돌아오는 결제일이 힘드네요(웃음).

박현진:

저는 아직 없습니다. 그런데 곧 오지 않을까 두렵습니다(웃음).

이은주:

두 소장의 역할 분담은 어떻게 되나요. 서로 어떻게 보완하며 일하는지 궁금합니다.

김민석:

모든 설계 프로젝트와 전시 등 노션에서 일어나는 모든 일은 둘이 함께 고민하고 논의해 진행하고 있습니다.

저희는 매일 오전 10시에 회의를 합니다. 특별한 일이 없는 한 매일 회의를 통해 각각의 업무에 어떻게 대응할지 결정합니다. 하지만 각 프로젝트마다 총괄하는 대표를 정해 업무에 대응하게 합니다. 설계 프로젝트의 경우에도 진행 단계별로 참여도의 차이를 두고 있습니다. 제가 기본 계획을 포함한 초반 작업에 많이 관여하고 박소장이 실시설계와 현장 관련 등의 실무에 많이 관여하고 있어요. 전시, 발표 등의 행사는 제가 많이 관여하는 편입니다.

이은주:

신생 설계사무소는 생존, 즉 지속가능성이 눈앞의 목표인 것 같습니다. 이런 측면에서 무엇이 가장 중요하다고 생각하세요?

김민석:

현재의 불안함과 미래의 불확실성에 잠식당하지 않아야 한다고 다짐하고 있습니다. 긍정적으로 생각하는 태도를 잃지 않는 것도 중요한 것 같습니다.

박현진:

제가 지금 중요하다고 생각하는 것은 기본입니다. 건축가에 대한 설명이 아무리 많다고 하더라도 건축가는 '건축주의 의뢰를 받아 요구 사항에 맞게 공간을 구성하고 계획해 공사를 할 수 있게 계획하고 관리하는 직업'이라는 것은 바뀌지 않을 것 같습니다. 이 기본에 제가 얼마나 충분한 요건을 갖추었는지 항상 자신을 의심하고 단련해야 한다고 생각하고 있습니다. 그 외에 공간, 재료, 구축 방법에 고민이 지금 제 중심에 많은 부분을 차지하고 있습니다.

이은주:

앞으로 어떤 건축을 하고 싶습니까?

김민석:

그냥 바란다면 시간이 지날수록 더욱 가치를 가지는 그런 건축을 하고 싶습니다. 또한 저희는 노션을 서울을 기반으로 하고 전세계를 무대로 하는 국제적인 설계사무소로 만들고 싶습니다.

박현진:

얼마 전, 건축주와 첫 미팅을 하고, 저희가 제안하는 설계 대안들을 들고 미팅을 했습니다. 그날 밤 건축주로부터 "각 대안들에 자신들과 첫 미팅 때 나누었던 의견들이 세세히 담겨 있더라. 미팅을 마치고 차분히 보고서를 집에서 보는 데 감동을 했다"라는 메일을 받았습니다. 그때 이게 제가 하고 싶은 건축이지 않을까라는 생각을 해보았습니다.

유연한 공간과 엄격한 건축적 언어의 공존

이은주

유연함과 엄격함이 공존할 수 있을까. 2014년 젊은 건축가상을 수상한 노션 아키텍쳐 김민석 · 박현진 소장의 프로젝트를 답사하고 그들과 대화를 나누며 떠올랐던 질문이다. 유연함과 엄격함의 공존은 모순되고 또 애매모호한 것이라고 생각했다. 하지만 호텔 본(모텔 리모델링 프로젝트)과 시우정(주택) 현장을 답사하고, 원거리 재능 기부 프로젝트인 볼리비아 희망 꽃 학교 설계에 대한 이야기를 들으며 계속 떠오른 두 개의 키워드가 바로 '유연함'과 '엄격함'이었다. 공간에 접근할 때는 틀에 얽매이지 않고 장소와 사용자에 최대한 집중하는 유연함이 돋보였고, 입면에서는 장소와의 관계, 사용자가 경험할 일상의 퀄리티에 초점을 맞추고 형태와 비례 · 재료에 대해 자신들의 엄격한 건축적 언어를 일관되게 밀고 나가는 고집스러움이 눈에 띄었다.

2014년 젊은 건축가상을 받은 세 팀 중에서 노션 아키텍쳐(이하 노션) 김민석 · 박현진 소장은 해외에서의 실무 경험과 국내 대형 사무소 경험을 뒤로 하고 국내에서 막 출발한 새내기 건축가다. 쟁쟁한 여덟 팀의 후보들이 겨룬 젊은 건축가상 본선 심사에서 준공된 건물이 단 하나 밖에 없는, 그것도 서울 위성도시에 신축이 아닌 모텔 리모델링 프로젝트(호텔 본)가 전부인 노션의 수상은 눈길을 끌었다. 젊은 건축가상 심사위원들은 노션을 이끌어 나가는 김 · 박 두 소장의 다양한 건축 경험을 바탕으로 한 실력과 자신감을 높이 평가했다. 다루기 쉽지 않은 모텔 리모델링 프로젝트를 완성도 있게 이끌었으며 건축의 장소에 대한 이들의 집요한 관심도 의미 있게 평가했다. 심사위원들은 '젊은건축가상'은 좋은 작품을 뽑는 것이 아니라 좋은 건축가를 뽑는 일이라는 것을 거듭 강조했다. 앞으로의 발전 가능성과 작업에 임하는 태도를 중시했다는 설명이다.

노션의 모텔 리모델링 프로젝트는 그 시도 자체가 실험이라 할 수 있는 독특한 사례다. 도시 안에 고립된 유흥의 섬이 되어 버린 구역에서 지역과 소통하고 변화의 시발점이 될 수 있는 새로운 형태의 호텔을 제안하는 시도였다. 협소한 공간 제약에도 불구하고 로비를 1층으로 끌어내리는 등 지역과의 소통을 염두에 둔 공간의 변화, 강렬한 선언(Statement)으로 기능하는 입면의 완성도는 이들의 탄탄한 건축적 해법을 드러내 준다.

시우정과 볼리비아 희망 꽃 학교 역시 유연한 공간 구축에 대한 치열한 태도를 보여 준다. 획일적인 형태의 계단실을 과감하게 해체했는가 하면 볼리비아 희망 꽃 학교 역시 타원 형태의 중정을 통해 건물의 안과 밖을 유연하게 연결했다. 이들은 "비록 현장을 직접 가지 못했지만 볼리비아 산골 마을 사람들의 일상을 조금이라도 풍요롭게 하고 싶다는 마음으로 설계했다" 고 했다.

이제 이들은 막 출발점을 나섰다. 김민석 · 박현진 소장은 "이 도시에서 건축가로 살아가는 것이 우리에게는 아직 큰 도전"이라고 말했다. 도시 공간에 대한 관심, 다양하고 유연한 공간 구성, 일상의 질에 대한 배려, 섬세한 디테일에 대한 고집이 이들의 무기다. 앞으로 프로젝트에 접근하는 태도에서 유연함과 엄격함 사이의 균형을 어떻게 조율하고 유지하며, 자신들만의 건축 언어를 구축해 나갈지 기대된다.

원한 것은 새 껍데기가 아니라 새로운 이야기였다, 호텔 본

2012년에 설계 사무소를 연 노션 아키텍쳐 김민석 · 박현진 소장에게 호텔 본 리모델링 프로젝트는 첫 작품이자 대표작이다. 도시 한가운데 걷잡을 수 없이 난립된 유흥의 섬 한가운데 자리한 객실 50개짜리의 작은 모텔(지하 1층, 지상 5층)의 리모델링 작업을 통해 도대체 무엇을 이야기할 수 있을까. 이 프로젝트는 보는 시각에 따라 변화를 시도하는 것 자체가 무모하게 여겨질 수도 있었다. 한 치의 빈틈도 없이 철저하게 상업 논리로만 구축된 동네 환경이라는 점에서 그랬다. 하지만 30대 건축주와 건축가는 수원시 인계동의 이 작은 모텔을 우리 도시의 변화를 이끌 하나의 가능성으로 보고 출발했다.

노션 아키텍쳐가 프로젝트를 의뢰받은 것은 2012년 9월이었다. 김민석 소장의 지인인 건축주는 수원시 팔달구 인계동의 모텔을 인수하고 건축가를 찾아왔다. 기존의 낡은 모텔 건물을 리모델링해 새로운 호텔로 만들어 달라고 했다. 모텔이 자리 잡고 있는 곳은 밤이면 주점과 노래방, 마사지방 그리고 모텔 등이 밤새 불을 밝히는 곳이다. 이 지역의 모텔들은 2~3년마다 새로운 껍데기를 떼었다 붙였다 하며 아우성치는 듯한 크고 화려한 간판을 내세워 경쟁하고 있었다. 여기서 새로운 변화를 도모하는 것도 의미 있었지만, 생존 경쟁이 치열한 이곳에서 호텔이 상업적으로 경쟁력을 유지하는 것도 관건이었다. 김민석 소장은 "건축주와 함께 생각한 호텔의 새로운 모습은 일반 모텔이 아니라, 존재 가치를 적극적으로 지역에 알리고, 운영하는 사람들이 자부심을 갖고 일할 수 있는 그런 곳이었다."고 말한다.

2층에서 1층으로 내려온 로비, 손님을 환대하다

건축주는 비즈니스호텔로의 변신을 염두에 두고 있었다. '모텔에서 호텔로' 바꾸는 설계에서 가장 먼저 한 핵심적인 일은 호텔의 입구를 만드는 일이었다. 기존 모텔에서 손님을 받아 객실의 열쇠를 넘겨 주는 리셉션은 2층에 자리하고 있었다.

"1층 공간이 가장 중요하다고 생각했습니다. 호텔과 고객이 처음 만나는 곳이고, 건물과 길이 만나고, 이 모든 소통과 관련된 일들이 벌어지는 곳이 바로 1층이기 때문이죠. 로비를 바꾸는 작업이, 호텔이 동네에서 뭔가 새로운 역할을 하는데 시발점이 될 수 있을 거라고 기대했습니다."

기존 모텔 1층에는 주차장 입구와 마사지 가게가 자리 잡고 있었는데, 1층에 있던 주차장 입구를 옆으로 밀면서 계단실 입구 공간에 로비를 만들 수 있었다. 주차장 입구가 옆으로 밀려가는 바람에 1층 점포의 면적은 줄어들었지만, 대신에 호텔은 이제 '모텔 시대' 와는 확연히 다른 1층 입구와 로비 공간을 갖게 됐다. 호텔 입구 옆에 큰 창을 내고 각종 문화관련 행사를 홍보할 수 있도록 디스플레이 공간을 만든 것도 눈에 띄는 변화다. 호텔이 동네의 주민, 이곳을 오가는 사람들과도 소통하는 곳이 되었으면 좋겠다는 바람이 읽힌다. 기존 모텔 1층에서 24시간 영업하던 발 마사지 가게는 호텔 직영의 식당 공간으로 바뀌었다.

엄격한 비례의 단순한 입면, 가장 강렬한 목소리가 되다

하지만 호텔 본에서 가장 극적인 변화가 일어난 곳은 외관이라고 할 수 있다. 기존 모텔의 외벽엔 초록색 컬러 프린트 유리가 붙어 있었다. "유흥 구역 특성상 모든 게 현란하고 가벼워 보였죠. 껍데기는 언제든 맘대로 바꿀 수 있다는 무언의 메시지가 강했고요." 김민석 소장은 이렇게 말하며 컴퓨터를 열어 한 장의 사진을 보여 줬다. '채석장' 사진이다. 거대한 바위들이 하나의 지형을 이루고 있는 풍경이었다. "무게 있는 큰 덩어리를 생각해 봤어요. 호텔의 외관이 이 바윗덩어리 같고, 그 안에 담기는 창들은 그 바위를 음각으로 깊이 파고들어간 것처럼 보이면 좋겠다고 생각했습니다." 바람 불면 날아갈 듯이 '참을 수 없이 가벼운' 주변의 환경에 대응하기 위해 그가 찾아 낸 것은 무겁고 반듯한 반석의 이미지였다.

외벽은 하나의 재질로 건물을 감싸고 최대한 단순하게 가기로 했다고 한다. 각자 튀어 보이기 위해 아우성치는 듯한 주변의 시각적 환경에 대응하기 위해 택한 전략이다. 재정적인 이유로 기존 창호 크기를 바꿀 수는 없었으므로 이를 유지하면서 새로운 입면을 만드는 것도 이들에게는 큰 도전이었다. 본래 건물에 난 창은 4열이지만, 화이트 큐브 박스 위로는 총 6열의 창이 보인다. 하나의 큰 덩어리 이미지를 만들기 위해 기존 건물을 감싼 바깥 프레임에는 양쪽 계단실까지 확장해 2열의 오픈 프레임을 만든 것이다. 2층부터 5층까지 4층에 걸쳐 난 6열의 창, 즉 24개의 창은 거대한 하나의 덩어리에 반복적인 리듬감을 부여하는 역할을 톡톡히 한다. 큰 덩어리에 깊이 음각된 창호 각은 엄격한 질서의 분위기를 자아낸다. 김민석 소장은 전체적인 비례를 살리기 위해서 입면의 상층부를 실제 건물보다 위로 높이 들어올렸다고 했다. 그리고 4등분으로 나뉘어 있는 창호 틀은 한 판으로 바꿨다. 호텔 임원진을 설득하는 어려움이 있었지만, 최대한 단순한 입면을 만들어 내는 것은 쉽게 타협하거나 포기할 수 없는 부분이었다는 설명이다.

동네 골목에 작은 변화가 시작되다

호텔 본이 문을 연 지 1년이 지났고 호텔이 겪은 변화는 기대보다 컸다고 한다. 건축주의 소박했던 기대와 달리 현재 이 호텔을 채우고 있는 것은 홍콩 · 싱가포르 등지에서 한국으로 여행을 오는 '한류 관광객'이다. 한 달에 2400명 정도가 이곳을 다녀간다. 기존 모텔과 전혀 다른 접근으로 새로운 경제적 가치를 창출해 낸 것은 중요한 성과다. 건축주는 "모텔이 호텔로 변하니 동네에 외국 관광객들이 돌아다니기 시작하면서 식당과 과일 가게 등 동네 상권의 풍경이 바뀌기 시작했다"고 말했다. 호텔 본이 변신하면서 바로 옆에 위치한 모텔의 외관도 심플하게 바뀌었다. '준공 후 1년' 스토리를 굳이 짚어 보는 이유는 간단하다. 호텔 본 프로젝트가 애초에 목표한 것이 바로 이런 새로운 스토리의 시작이었기 때문이다.

미국의 조경가인 로렌스 헬프린은 도시를 가리켜 "일련의 일들이 복잡하게 서로 얽혀 일으키는 연쇄 작용"이라 정의했다. 우리 환경에서 '관계'가 그토록 중요한 의미를 차지하는 이유 중의 하나도 이 때문일 것이다. 도시는 역동적이다. 크고 작은 세포 같은 건물과 골목들이 서로 자극을 주며 연쇄 작용을 불러일으키고 있다. 지역에 대한 탐구로 시작해 추진한 호텔 본 리모델링 작업은 그런 연쇄 작용에 새로운 출발점을 제공했다는 점에서 주목할 만하다. 작지만 야심찬 프로젝트다. 지역 문화에 대한 관찰과 탐구, 그리고 지속가능한 건축에 대한 고민, 만들고 싶은 도시에 대한 작은 상상력이 어떤 힘을 발휘할 수 있는지 돌아보게 한다.

작지만 풍성한 내부 공간을 가진 검은 전벽돌 집, 시우정

경기도 용인시 수지구 동천동. 광교산 동쪽 줄기가 흘러내리는 곳에 이르면 같은 규모의 집들이 어깨를 나란히 하고 있는 모습이 한눈에 들어온다. 주택 30채가 모여 있는 이곳은 동천동 스마트 타운이다. 층간 소음에 시달리고 아이들이 뛰어 놀 마당이 없는 아파트 생활을 벗어나 '우리 집', '우리 마당'을 갖고 살면서도 여전히 도시와 연결돼 살고 싶은 젊은 세대 부부들이 꿈을 이루기 위해 찾아든 곳이다. 이 가운데 노션 아키텍쳐가 처음 설계한 주택 '시우정'이 경사지 맨 위에 다른 주택들과 나란히 자리 잡고 있다.

시우정의 대지면적은 201.1㎡로 남북 방향으로 가늘고 긴 형태다. 두 아이를 둔 젊은 건축주 부부의 주문은 단순했다. 비록 규모는 크지 않지만 아이들이 집 안 곳곳을 놀이와 독서 공간으로 잘 활용할 수 있도록 '아이들이 재미있는 집'으로 만들어 달라고 했다.

시우정의 거실과 부엌이 있는 1층은 경사지의 특성상 건물 1층의 측면과 후면이 묻히기 때문에 지하층으로 인정돼 건폐율 20% 적용을 받지 않아 집을 상대적으로 더욱 넓게 쓸 수 있는 장점이 있었다. 지상층은 건폐율 20%를 적용하면 지하층(56㎡)을 빼고 지상 1, 2층이 한 층당 실제 건축 면적 36㎡정도 밖에 되지 않아 네 식구의 생활공간을 확보하기 위해서는 세 개 층 규모로 '좁고 높게' 지어야 했다. 이 안에 계단실과 각 방으로 연결하는 복도를 만드는 등 공용면적이 차지하는 면적이 작지 않아 공간 계획이 쉽지 않았다고 한다.

<u>계단실을 풀어 더 풍성해진 내부 공간</u>

김민석 소장과 박현진 소장은 공용 공간을 최소화하기 위해 계단실을 풀어헤치기로 했다. 획일적인 계단의 형태에서 벗어나 스킵 플로어(skip floor)로 만들어 집 안에 골목길처럼 구불구불하고 다양한 레벨을 연결하는 계단을 만들었다. 따라서 시우정 내부의 여러 계단은 그 자체가 복도가 되어 자연스럽게 각 방과 화장실로 흐르듯이 연결된다.

시우정의 계단은 단순히 층을 연결하는 기능을 넘어선다. 집안에 다양한 바닥 높이를 제공해 아기자기하고 풍성한 공간감을 만들어 낸다. 이곳은 아이들이 뛰어 놀거나 앉아서 책을 읽을 수 있는 공간이 되기도 한다. 내부의 다양한 레벨 차이는 현관을 통해 집 안으로 들어오면서부터 드러난다. 현관으로 들어와 세 계단을 내려가야 거실과 부엌이 펼쳐진다. 덕분에 창보다 바닥 높이가 낮아진 거실 공간은 평면 구조에 비해 더욱 아늑한 공간감을 보여 준다.

층간 사이에 중간층이 만들어져 공간 활용도가 높아 보이는 것도 눈에 띈다. 부엌과 거실이 있는 지하 1층에서 계단을 올라가면 자녀들 방으로 가기 위해 방향을 틀기 전 후정과 연결되는 중간층이 먼저 나오는데, 이곳은 계단과 복도의 기능을 하면서 아이들이 책을 읽을 수 있는 작은 독서실 공간으로 만들어졌다. 김민석 소장과 박현진 소장은 "이 같은 구조는 집 안에 계단이 너무 많아 불편할 것이라는 의견이 많았다. 또 계단이 많기 때문에 집이 좁아 보일 것이라는 의견도 있었다. 하지만 계단 수는 평면 배치와 다를 바 없다. 우리는 계단 그 자체가 공간이 될 수 있다고 생각했다."고 말했다.

이렇게 공간을 배치해 얻은 또 다른 수확은 각 방과 화장실의 층고를 조정할 수 있었다는 점이다. 남향을 바라보는 방들은 여느 주택에 비해 높은 층고(어린이 방은 3.2m, 부부 침실은 4.2m)를 확보한 반면, 북쪽에 배치한 화장실은 층고가 낮다. 부부 침실에서 몇 계단을 올라가면 화장실과 파우더 룸이 나오는 것도 기능에 따른 효율적인 공간 분할로 보인다.

<u>후정(뒷마당), 일상을 풍부하게 하는 공간으로</u>

사용자들이 뒷마당을 적극적으로 쓸 수 있도록 뒷마당을 넓게 배치한 것도 눈에 띈다. 뒷마당은 지하 1층에서 자녀들 방으로 올라가는 중간층(독서실)에서 문을 열고 나가면 연결되기도 하고, 집 바깥에서 앞마당 옆 계단으로 올라가 연결되기도 한다. 이웃의 집들이 집을 최대한 뒤로 밀고 앞마당 확보에 주력했다면 시우정은

마당을 앞과 뒤로 양분했다. 건축주의 가족들이 집 주변 환경을 보다 입체적으로, 최대한 누릴 수 있도록 배려한 것으로 풀이된다. 집 뒤편은 광교산자락과 이어지고 있어 우거진 숲과 집이 만나게 되는 공간이다. 뒷마당은 다른 주택들과 진입로가 펼쳐진 앞마당 풍경과는 크게 다르게 계절의 변화를 고스란히 느낄 수 있는 자연의 공간이다. 굳이 마당이라고까지는 부를 수 없는 규모이지만 지하 1층 부엌과 연결되는 곳에는 선큰이 있다. 이곳은 흙으로 삼면이 덮여 있는 지하 1층에 자연채광을 들이고 바람이 통하게 해 주는 기능을 할 것으로 기대된다.

작은 집의 사치, 전망을 포기하지 않았다

바깥에서 이 집을 다른 집과 구별하게 하는 것은 바로 세 개의 큰 창이 눈에 띄는 흑색 전벽돌 입면이다. 입면 디자인은 김민석 · 박현진 소장이 특히 심혈을 기울인 부분이다. 입면 결정을 앞두고 수십 장의 입면 계획 스케치를 놓고 입면을 어떻게 할 것인지 건축주와 몇 시간을 논의했을 정도다. 침실 창을 여닫을 수 없게 고정 창으로 만들고 창의 분할 없이 큰 창을 만드는 과정은 결코 쉽지 않았다.

"창을 열게 하면 난간이 붙어야 하고 창이 분할돼야 하는 단점이 있죠. 고정 창으로 계획하는 대신에 환기 기능은 측면으로 창을 내서 해결했습니다. 타운 안에서 이 집은 드물게 전망이 매우 좋은 편인데 시야에 걸릴 것 없도록 창을 배치하는 것도 매우 중요하다고 생각했습니다." 김민석 소장의 설명이다.

시우정은 지하1층만 콘크리트이고, 지상1 · 2층은 목구조이다. 박현진 소장은 "시우정은 건축주가 전 과정에 꼼꼼히 참여하고 우리들과 적극적으로 소통했다. 고정관념에 얽매이지 않고 유연하게 아이디어를 함께 공유하고 발전시켜 나갈 수 있었다는 점에서 고마운 프로젝트였다."고 말했다.

뽀꼬뽀꼬 마을의 희망 프로젝트, 희망 꽃 학교

볼리비아 가난한 산골마을에 짓는 희망꽃 학교는 노션아키텍쳐의 첫 번째 해외 프로젝트다. 설계와 감리에 대한 보상 없이 재능기부 형식으로 참여했다.

볼리비아는 인구의 절반가량이 빈곤층이고 문맹률도 높다. 2014년 11월 현재 학교가 지어지고 있는 곳은 볼리비아에서도 고산지대에 위치하고 경제 수준이 가장 낮은 포토시, 그곳에 속한 25개 마을 중에서 산간 지역에 위치한 뽀꼬뽀꼬 마을이다. 자선 단체인 희망꽃재단(건축주)을 이끌고 있는 공정여행가 한영준 씨는 자신이 여행하고 있는 빈곤지역에 12개의 학교, 12개의 도서관, 12개의 병원을 짓겠다는 큰 구상을 추진하고 있는데 희망꽃 학교는 그중 하나다.

타원 형태의 외부 중정, 다양한 공간을 잇는 허브

이곳 사람들이 필요로 하는 학교는 200명의 학생을 위한 단순한 교육 시설이 아니라 마을 공동체의 복합 공간이었다. 또 현지에 상주하는 교사를 위한 숙소와 식당 시설도 수용하는 공간이 필요했다. 다양한 프로그램을 한 건물에 담아내면서도 서로 충돌하지 않고 조화를 이루는 것, 또 각 공간이 유연하게 기능하는 것이 설계의 핵심 포인트였다.

학교는 결국 타원 형태의 외부 마당을 가운데 배치한 독특한 형태로 계획됐다. 처음부터 타원을 계획한 것은 아니었다고 한다. "여러 가지 가능한 공간의 사용 시나리오를 세우고 스케치를 하며 구성원들의 동선을 어떻게 연결할지 이리저리 생각해 봤어요. 처음엔 옥상으로 올라가는 외부 계단이 중요하게 생각됐죠. 근데 그 이후로 공간 구성이 명쾌하게 풀리지 않더라고요. 그래서 계단을 중앙에서 밀어내고 그 자리에 중정을 제안했는데 이것도 공간 활용도가 만족스럽지 않았습니다."

중정을 타원으로 배치하면서 다양한 공간 연결이 수월해졌다는 설명이다. 건축주가 전한 정보에 따르면, 현지 기후특성상 주민들이 장시간 내부에 머무는 것보다 외부공간을 좋아한다고 했다. 내부공간에서 학습하는 일에 익숙하지 않은 아이들에게 학교 안에 자리한 외부 중정과 중정에서 옥상으로 연결되는 긴 계단, 그리고 옥상 등 외부공간에 무게를 둔 이 같은 현지인 특성을 적극 반영한 부분이다. 놀이뿐만 아니라 학습을 위해서도 중요한 공간이 될 수 있다는 점을 배려한 것이다.

이곳의 모든 공간은 중정으로 통한다. 학생들은 중정을 통해 도서관 등 학교 안의 다양한 방으로 이동하며 내부와 외부를 반복적으로 넘나들게 된다. 건물 바깥에서 안으로 쉽게 접근하게 하기 위해 전면부에는 도서관, 후면부에는 식당을 배치했다. 또 건물의 남쪽에는 대지 옆에 위치한 운동장과 연계해 무대 공간을 제안해 마을의 행사에 이용할 수 있게 했다.

재료는 현지인들의 감성과 직접 교감할 수 있는 중요한 요소다. 노션의 본래 계획은 특별한 외부장식 없이 노출 콘크리트로 짓는 것이었다고 한다. "건축주가 전하기를 이곳 사람들은 지역색이 드러나는 것을 오히려 꺼린다고 하더군요. 돌이나 흙으로 지은 집은 가난의 대명사처럼 여긴다는 겁니다. 그래서 특별한 외장 없이 노출 콘크리트로 계획했죠. 하지만 막상 공사가 시작된 현장 사진을 보니 저희가 의도한 내력벽 구조가 아니라 기둥을 세우고 흙벽돌을 쌓고 있더군요(웃음). 어떠한 재료가 쓰이든 크게 개의치 않습니다. 오히려 벽돌이 아이들에게 친화적으로 다가갈 수 있다고 생각합니다."

현장이 멀리 있어 시공 과정을 직접 지켜볼 수 없으니 처음에 의도한 것들이 현지 사정에 의해 과도하게 변경되지 않을까 우려했다고 한다. 하지만 건축주가 현장에서 매주 보내오는 현장사진을 보며 기우를 떨쳐냈다고 한다. "건축주가 동료들과 함께 현장에서 기초를 위한 땅을 파고 거푸집을 내고 기둥을 세우는데 예상한 것보다 훨씬 잘해 나가고 있었어요. 다행히도 건물 전체의 구성, 평면 공간 등은 그대로 유지돼 지어지고 있습니다." 2014년 9월에 착공한 학교는 2015년 완공될 예정이다.

대지면적 200㎡, 건축면적 139㎡ 규모의 희망 꽃 학교는 규모로 말하자면 결코 크지 않은 프로젝트다. 하지만 언젠가는 활동 영역을 세계로 넓히겠다는 포부를 갖고 있는 김 · 박 두 소장은 '과정'에 무게를 실었다. 작은 힘으로 세상을 바꿔 보겠다는 꿈을 가진 건축주와 소통하며 지구 반대편 지역의 자연 · 경제적 환경과 삶, 공동체의 의미, 그리고 현재보다 삶을 풍요롭게 해 줄 수 있는 공간을 탐구하는 중요한 기회가 됐다.

이은주는 중앙일보 기자다. 대학에서 영문학을 전공하고 신문사에 입사해 사회부 · 국제부 · 문화부에서 경험을 쌓았다. 영국 외무성 장학생으로 런던에서 영화 이론(Birkbeck, University of London · 석사)을 공부했다. 문화부에서 북섹션 담당 기자로 일하던 중 2009년부터 2011년 말까지 건축 · 디자인 담당을 겸하게 되면서 건축 기사를 쓰기 시작했다. '3040 한국 건축의 힘'시리즈(10회, 2009년 7월~9월), '대한민국 건축의 현주소'(2010년 11월), '건축을 건설로 보는 한 프리츠커상은 어림없다'('2011년 4월), 건축은 문화… 일본은 141년 전에 이미 알았다'(2014년 4월), '서울의 아이콘 된 두 건물, 건립과정은 극과 극'(2014년 4월) 등의 기사를 썼다. 건축계에서 벌어지는 다양한 이야기를 보다 친근하게 전달하는 데 관심이 많다.

"WE DREAMT OF AN ARCHITECTURE THAT SHINES AND INSPIRES ALL THE MORE WITH THE PASSING OF TIME"

Minseok Kim, Hyeon Jin Park x Eunju Lee

EUNJU LEE:
Director Minseok Kim and Hyeon Jin Park, I hear that the two of you were childhood friends. Did you both have a special interest in architecture during your school days?

MINSEOK KIM:
I did not know much about architecture until high school. Upon graduating from high school, I began my university career as a major in computer-science engineering. After the first semester of my studies, however, I decided to drop out to find a new major. This is when I started to think seriously about my career path and what major would interest me the most. I realized that I had always enjoyed drawing when I was young. I remember sketching with my left hand, filling numerous pages with my drawings. However, one cannot suddenly prepare for art school (smile). This may sound ignorant but I decided to pursue architecture for this simple reason. As soon as I began architecture, I became magically attracted and have pursued this path ever since.

HYEON JIN PARK:
Before I explain why I decided to study architecture, I must first tell you about my parents. As I believe so many others in their generation did, my parents had a strong desire to own a house. When my family moved to Seoul and had to frequently search for a new house to move into I fully understood my parent's desire for a house. It was only in the mid-1990s that I first learned about architecture and what an architect is through two Korean dramas titled "Greetings of Love', which starred Byung-hun Lee as an architecture major student, and "Feeling" which starred Ji-chang Son as an interior designer. I thought pursuing a career as an architect would help my parents reach their dream faster. Now I realize that I was naïve. My parents actually built their own home twice but I was not able to help them at all. This thought still makes me smile (smiles).

EUNJU LEE:
Did you realize that being an architect would be the right job for you while you were studying architecture? When did you become attracted to architecture?

MINSEOK KIM:
When taking a design studio class, I felt strongly that this was what I was best at. This confidence really began to peak when I dropped out of university and moved to London (smiles). Since the curriculum of the school I attended (AA) focused on designing projects throughout the year rather than taking certain courses and lectures, I remember spending my time intensely involved in these projects. At the same time, I learned to share diverse opinions, thoughts and expressions with different cultures. While competing with others, I also learned to become really attached to my projects. Perhaps this is why in comparison working in a company seemed a lot more difficult (smile).

HYEON JIN PARK:
I'm still as uncertain today whether being architect is the right job for me as I was when I first began studying it 20 years ago. What I know for sure is that there is not one single answer in architecture. Perhaps one of the reasons why I continue to work in this industry is that there are diverse opinions for any single question and these opinions are exchanged in various ways, as well as the pleasure I feel when my comments are useful and appreciated. Perhaps this is where the charm of architecture lies.

EUNJU LEE:
What was your reason to choose the AA School in England and Kassel University in Germany? How was it different from the education you received in Korea?

HYEON JIN PARK:
After completing a language course in Germany, both my wife and I searched for a school with a

PhD program. Finding a school where I could study with my wife was the most important factor. At that time, Kassel University was the only university to divide bachelor and master's degree programs, and thus, allowed graduation at least 1 to 1.5 years in advance when compared to other schools. At Kassel University, both students and professors proactively find and lead their class. A day before the project courses open, all the professors introduce their courses and explain their methods for proceeding with the project. Then the students apply for a project of their own choice. On the last day, all the professors present the project and share ideas and opinions on the results of their projects to their class and to other professors.

MINSEOK KIM:
I had quite a lot of spare time while I was taking a language course in London. So I often visited the school to listen to lectures by renowned architects and even participated in critique sessions, which soon attracted me to this school. I received a good offer after the interview and was admitted to the AA School. I then lived in London for the next 10 years (smile). School life was quite different to what I had observed as an outsider (smile). Everyone was competitive and there was a lot of pressure on the students. Unique classes (units) were offered. Students were able to choose their own class and professors by interviewing the professors themselves. Also, there was a combination of 2nd and 3rd year (intermediate course) students as well as 4th and 5th year students (diploma course) in each class, which encouraged learning through competition. This is one big difference from the Korean education system. Furthermore, various people were invited to the school where students had the opportunity to present their projects, express their thoughts and have their logics reviewed. The fact that each critique session is open to the public demonstrates how the school tries to openly communicate with others.

EUNJU LEE:
When was the most difficult time upon your return back to Korea after completing your studies and field experiences overseas?

MINSEOK KIM:
The 2 years preparing to establish Notion Architecture were very stressful. I wasn't sure how and where to start and worried about losing my architectural ideals. Such worries have lessened now but pay-day every month is still fairly stressful (smile).

HYEON JIN PARK:
Not so far, but I am anxious of when it will.(smile).

EUNJU LEE:
How do you both divide your role and responsibilities? How do you complement or support each other?

MINSEOK KIM:
We discuss everything that happens at Notion Architecture including all project designs, exhibitions and events. We have a meeting at 10 am every day. Unless we are particularly busy, we hold a meeting to talk about how to deal with each of our duties. However, we do choose a main leader for each project. Even in designing projects, we divide the participation rate for each stage. I am mostly involved in the planning stages at the beginning of the project when we organize the basic plan while director Park is mostly involved in the working stages including supervising construction sites. Regarding exhibitions, presentations and events, I'm mostly responsible for those.

EUNJU LEE:
For a new architecture firm, survival, in other words, sustainability is the most vital objective. What would be the most important factor in this regard?

MINSEOK KIM:
I promise myself not to be overwhelmed by our

current unrest and future uncertainty. I think it is important to think positively and stay positive.

HYEON JIN PARK:

I think staying true to fundamentals is the most important factor. Despite the various descriptions of an architect, the fact that an architect is 'one who designs a space based on the request of the client, plans and supervises construction' will not change. I believe I should also keep questioning myself to check how much I have sufficiently met the basic requirements. In addition, contemplating space, materials and how to construct a design occupies a large part of my thoughts now.

EUNJU LEE:

What kind of architecture do you want to practice?

MINSEOK KIM:

I want to design and construct buildings that become more valuable with time. Also, I want to turn Notion Architecture into an international firm operating worldwide based in Seoul.

HYEON JIN PARK:

After our first meeting with the client, we had a discussion about alternatives to our initial proposal. That night we received an e-mail from the client saying how impressed he was to see our comments from the first meeting reflected in the alternative designs. This, I thought, is the type of architecture that I would like to practice.

CRITIQUE

THE COEXISTENCE OF FLEXIBLE SPACE AND STRICT ARCHITECTURAL STYLE

Eunju Lee

Can flexibility coexist with such rigorous order? After visiting projects Notion has recently completed, this question struck me while conversing with Minseok Kim and Hyeon Jin Park, the joint directors of Notion Architecture and the recipients of the Korean Young Architect Award 2014. I had always thought that the coexistence of flexibility and rigorous order was a contradiction, or at most, a vague concept. Yet these were the two concepts that most persistently entered my mind after visiting the sites of Hotel Bon (a motel remodelling project) and Black House (a residential project), and after being told about their design intention for the Hope-Flower School in Bolivia. Spatial flexibility is achieved by focusing on the quality of space the users will experience in their daily life. At the same time, the proposed form, a sense of scale and materiality emerge a persistent focus on the building's relationship to its surrounding environment. Finally, In terms of facade design the duo consistently holds fast to their convictions, strictly following their distinct architectural language.

Among the 3 teams to receive the Korean Young Architect Award 2014, directors Minseok Kim and Hyeon Jin Park of Notion Architecture are comparatively new, up and coming architects in the country, having gained their working experience in Korea and abroad for many years. The team caught my eye as among the extremely competitive 8 candidate teams, they were the only team with just one completed building project at the final table of the jury's decision. Morever this project was not even a new building project, but was rather a remodelling project (Hotel Bon) in a satellite town of Seoul. Yet, the juries thought highly of the talent and confidence shown by the two directors, based on their robust experience in the field of architecture. The degree of completeness produced in the Hotel Bon was also given great significance since it is not an easy task to deal with, as well as their tenacious interest in the significance of 'place' in architecture. The juries emphasized that the Korean Young Architect Award was an award to nominate the young architect who has such ability on profession and potential for future rather then the number of projects they have built, which was not simply a judging criteria.

The Hotel Bon by Notion Architecture is a unique project seeking for a design solution in a particular urban context. Notion attempted to introduce a new direction for hotel architecture to trigger a change and to provide a method to communicate with the surrounding area in an isolated district of the city solely serving for an adult entertainment. Despite the limit of the existing conditions, changes were made not only to the space by relocating the lobby to the Ground floor to open up the hotel to the surrounding area, but also the proposed facade as a bold statement to desire such rigorous architectural language provoked in the area.

Black House and the Hope-Flower School also show ambitious approaches for establishing the spatial flexibility. In Black House it was a good example that a stairwells is broken down, combined with corridor and now creates a new type of circulation connecting all the rooms in different levels while an odd looking oval shaped courtyard gives such an active outdoor space for the children to play around in the Hope-Flower school. For the school project the duo explains "Even though we could not visit the site with the limit budget of the project, we intended the design of the building to make the daily lives of these people better and a little more plentiful."

The two partners have just started their journey, and they explain that "it is still a great challenge to survive as young architects in this city, in this time." Their interest in creating a public space in the city, constructing diverse and flexible space, considering the quality of life for users, and perfection on building engineering would be all their strength exclusive to this pair. I would highly look forward to seeing their approaches in the future how they construct their own language in architecture by maintaining and finetuning a such balance between the flexibility and the rigorous order.

WHAT WAS DESIRED WAS NOT A NEW SKIN, BUT A NEW STORY

The Hotel Bon Project was the very first project by Minseok Kim and Hyeon Jin Park of Notion Architecture founded in 2012 and is also their biggest project to date. What can be said about the remodeling of a small motel with 50 rooms (1 basement floor, and 5 floors) surrounded by a sea of entertainment, right in the middle of a city? To some, the idea of change may have seemed futile from the beginning. Considering the lucrative and commercial nature of the area, the attempt may even have seemed unnecessarily risky. However, the owner and the two young architects set out on the project with the hope that a small motel could become a catalyst for change.

Notion Architecture was commissioned to remodel the hotel in September 2012. When he took over the motel, the owner asked Kim to remodel the existing buildings and transform it into a new hotel. It is located in a region where the lights of karaoke rooms, massage parlors and motels illuminate the night all night long. Motels in the region have new facades constructed every 2~3 years but these changes are often skin deep and solely for the object of competing for customers. The thought of bringing about change in this area was meaningful in itself, but it was also necessary to balance this change with the competitive and commercial nature of the hotel business. Minseok Kim explained the "image of the new hotel that we, along with the owner, wanted to create was not an ordinary motel but a hotel that actively promotes its value to the community and a place where you'd be proud to work."

Relocated to The Ground Floor from the Second Floor, the Lobby Welcomes Guests

The owner was considering transforming the existing motel into a business hotel. In terms of design, the focal point was to create a hotel entrance. Originally the reception where guests received room keys was located on the second floor.

"We felt that the Ground floor was a crucial space. It is where the guests and the hotel greet each other for the first time and also where the building meets the street. All communication happens on the Ground floor. We thought that remodeling the lobby could be the starting point for the hotel to lead change in the area."

The Ground floor was previously a parking space and a massage parlor but we moved the parking lot entrance to the side and created a lobby around the staircase. The Ground floor became significantly smaller because of this change, but both the lobby and the other Ground floor entrances now create a hotel experience that is very different from its previous existence as a motel. Another critical change is the display area, "We created a wide window beside the entrance and created a display space to promote various entertainment choices and cultural activities." This shows the hotel's willingness to communicate with its neighbors and the general public. The 24-hour foot massage parlor was changed to a hotel-run restaurant.

Strict Parallels and Simple Elevation Become Its Fiercest Expression

However, the most dramatic change of the Hotel Bon is its exterior appearance. Originally, the motel's exterior was a crude back painted glass. "Since the motel was located in the entertainment district, everything looked flashy. There was a clear message that the exteriors were expendable and could be changed any time." Minseok Kim opens his computer and shows a picture of a quarry; a scene of immense rocks creating a single geographic feature. "Thinking of a big solid rock, I thought that the hotel exterior should look like a solid mass and the windows like deep engravings." He wanted to create an image of a heavy, grounded and well-shaped foundation as a counterpoint to the giddy lightness of its surroundings.

They decided to design the exterior with a single material making the building as simple as possible. This was another strategic response to the surrounding environment of visual disorder. Due to financial reasons, they could not change the original size of the windows or the doors. That's why designing its façade while maintaining the sizes of the windows and doors presented another step of challenge. The original building had four windows in each row but now there are six windows abreast each of the four rows on the white cube box. To create a single concrete image, they extended the original outer frame to both ends of the staircase halls covering the whole building. The repetitive rhythm imparted by the 24 windows in a 6 by 4 grid from the second to fifth floor, gives the entire building a heavy sense of mass. The deep hollows of the windows in the solid rectangular whole produce a strict and orderly atmosphere. Minseok Kim explained that in consideration of the general proportions of the building, the upper half of the facade was elevated from the rest of the building. Doors and windows that had been divided into four sections became one section. It was difficult to convince the hotel executives but the effort to maximize simplicity could not be ignored or compromised.

Small Changes in the Neighborhood

It has been a year since Hotel Bon opened. The changes it has wrought are exceptional and more than anyone expected. Exceeding the owner's simple wish for a well-designed building, this hotel is now filled with 'K-Pop tourists' from Hong Kong, Singapore etc. Approximately 2400 people stay at the hotel every month. The fact that Hotel Bon was able to create financial value with a completely different vision from other motels should be considered an important success. The owner said, "Ever since the original motel was transformed into a new hotel, more foreigners come to the region, and for restaurants and fruit markets alike the commercial atmosphere has also begun to change." Our purpose in lingering on this happy epilogue is simply this: to show that the bringing about a new chapter for the city has always been the aim of the Hotel Bon project.

American landscape architect Lawrence Halprin (1961~2009) once defined a city as 'a complex series of events.' This is probably what makes 'relationships' so meaningful in people's environments. A city is dynamic. Big and small buildings and alleyways act like cells influencing each other to create a complex series of events. Notion Architecture's effort to study the environment to process the Hotel Bon Project is meaningful in that they could create the starting point for such an interaction through the Hotel Bon Project. It was a small but ambitious project. The project allows us to re-examine what is possible when we thoroughly study a neighborhood, think seriously about what it means to create sustainable architecture and dare to imagine the sort of city that we might want to inhabit.

A FULL-BRICK BLACK HOUSE WITH A SMALL BUT PLENTIFUL INTERIOR

In Dongcheon-dong, Suji-gu, Gyeonggi-do, lies Gwang-gyo Mountain. To the right of this mountain is a number of houses of a similar size. This area of 30 households is called Dongcheon-dong Smart Town. Young parents come to this area to escape from life in high rise apartment complexes where they are beleaguered by complaints about noise and where there is no outdoor space for their children. Dongcheon-dong

Smart Town gives them the opportunity to own their "own home" or their "own yard" but still be connected to the city. Black House, designed by Notion Architecture is situated in a row of these houses, at the very top of the slope.

The lot area for Black House is 201.1m^2, and it spreads across north to south in a long and lean shape. The owners, a couple with two children, had a simple request. They wanted to create a 'fun house' with lots of places for the children to play or read.

The house did have one comparative benefit as a building site. The Ground floor where the living room and kitchen is located is on a slope and for that reason the sides and the back of the Ground floor is underground. Thus, this area is considered a basement floor and the building-to-land ration of 20% need not apply. The ground-level floors have a building-to-land ratio of 20%. With the exception of the basement floor (56m^2 actual space), there is only 36m^2 of actual space for the first and second floor (basement floor would have 56m^2). To make the space accommodate four people, we had to build 3 high and narrow stories. Because communal spaces like the stairs and hallways take up large amounts of space, it was a challenge to design the space efficiently.

Dismantling the Staircase to Maximize Inner Space

To minimize communal space Minseok Kim and Hyeon Jin Park decided to dismantle the staircase. Instead of a uniform series of stairs, they decided to make a skip floor creating different levels of connecting stairways that wind, alley like, around the house. The stairs themselves create hallways organically by connecting different rooms and bathrooms.

The stairways in Black House transcend the function of simply connecting the different floors. By creating different elevations, they create a fuller feeling of space. They are designed to allow kids to play and to sit and read. This varied leveling is the most visible when entering through the front door. As we enter through the front door and walk down three steps, the living room and kitchen become visible. Because the floor level of the living room is lower than window level, the living room looks cozier than a flat structured living room.

The middle floor allows for a more efficient use of space. Between the basement floor, where the kitchen and the living room are, and the children's room on the second floor, the middle floor is the access point to the backyard. As a space, it not only functions as a stairway and a hallway but also as a small library where the children can read. Minseok Kim and Hyeon Jin Park explain, "Many people thought that a structure with numerous staircases would be troublesome and that it would make the house look smaller. However, the number of staircases in this structure and a flat layout are the same. We simply thought that the staircases themselves could become usable space."

Another benefit of this structure is that the height of the rooms could be readjusted. The rooms with a southern aspect have a higher ceiling (children's room 3.2m, master bedroom 4.2m) than the bathroom on the north side. Since the powder room and the bathroom are a few steps above the master bedroom, the lower height of the bathroom acts as an efficient use of space.

The Backyard, Enriching Everyday Routines

The size of the backyard in Black House is significant in that it is intended to be used in a daily basis. The backyard connects to the middle floor (library) located between the basement floor to the floor where children's room is located, and can also be accessed from the front yard via external stairs. While neighboring properties situate the house itself as far to the back of the property as possible in order to maximize the front yard, Black House divides yard space between the front and the back. This allows the owner a more dynamic experience of his environment. The back of the house is connected to Gwang-gyo Mountain where the house and the forest meet. If the front yard is where one communes with one's neighbors, the backyard is where one communes with nature and experiences the changing seasons. Although perhaps not quite the size of a yard, there is a sunken area connected to the basement kitchen area. This space allows for natural lighting and ventilation in the basement.

A Room with a View, Creating a Little Luxury for a Small House

The three big windows on black brick walls distinguish this house from its neighbors. Minseok Kim and Hyeon Jin Park paid particular attention to the elevation design of this building. Before finalizing their decision, they considered numerous elevation sketches with the owner for hours. The process of making the bedroom windows fixed rather than hinged or wide was a definite challenge. "If we want to open the windows, the windows need to be connected to railings, and windows need to be divided. So, we decided to make fixed windows with side windows for ventilation. We thought it was important to create windows with large uncluttered panes to really take advantage of the wonderful view" explained Minseok Kim.

The basement is the only concrete floor, with the first and second floors built in wood. Hyun Jin Park explained "The owner of Black House was directly involved in all processes and constantly communicated with us. We were grateful to be involved in a project where we were not tied to stereotypes and were able to share different ideas to create the best outcome."

THE HOPE PROJECT FOR THE VILLAGE OF POCO POCO

The School of Hope-flower is Notion Architecture's first overseas project. The school is currently under construction in a mountainous region in Bolivia. Notion Architecture donated their design skills and supervision services free of charge to this project.

An inland country in South America, Bolivia has a high illiteracy rate with about half the population living under the poverty line. Construction of the school began in November 2014 in a village called Poco Poco, which is located in a mountainous region, one of 25 villages belonging to the Potosi community. Fair traveler, Young Joon Han, is the leader of a domestic charity group called Hope-flower (the client) with the lofty ambition of building 12 schools, 12 libraries and 12 hospitals in poverty-stricken regions. The School of Hope-flower is one of these projects.

A Hub Linking Diverse Spaces: the Oval Courtyard

The village of Poco Poco not only needed a school to educate 200 students but also a multipurpose public space for the community. In addition, the village required accommodation and cafeteria facilities for teachers residing in the area. The main purpose of the design was to create a space where such diverse programs do not collide with each other but function harmoniously in one building. Moreover, it was important that all the spaces could be used as flexibly as possible.

Eventually, a unique proposal was made to create an open-air courtyard in the middle of the school building. This was not initially planned to be oval shaped. "We created various scenarios for how to use the space and sketched how the users would use the space. First, we thought it would be important to have a staircase to go up to the roof. However, it was difficult to organize the remaining space. Thus, we decided to clear the staircase from the center, proposing a courtyard instead but we were still not satisfied with the use of space."

Nevertheless, an oval courtyard facilitated the linking of diverse spaces. According to the client, the village people prefer the outdoors due to local climate conditions. An open-air courtyard designed within the school building for students who prefer studying al fresco and a long staircase connected to the rooftop from the courtyard strongly reflects the local preference of utilizing outdoor spaces. This space also flexibly allows for study as well as for play.

All spaces in the school building connect to the courtyard. Students can enter or exit various areas around the school, such as the library, through the courtyard. For better accessibility, the library is placed in the front and a restaurant in the rear of the building. Also, a stage is placed in the south of the building so that it can be used for village events, as can the playground located next to the site.

It was important that the choice of materials communicate empathy with the local residents. Notion Architecture's initial plan was to use cast-in-place concrete without exterior decorations. "The client told us that this community is reluctant to use what they perceived to be provincial. For example, a house built with stones or mold represents poverty. Hence, we proposed a concrete structure without any particular exterior decorations. However, the construction photos we received show columns being erected and workers using dried mud bricks (smile). We do not mind which materials are used for the school. Bricks may actually be more child-friendly."

As they are unable to visit the site and directly supervise the project, the directors of Notion Architecture were a little apprehensive as to how well the plans would carry through on site. However, photos sent by the client confirmed that their worries were unfounded. "The client, along with his colleagues, personally digs the ground and erects columns at the project site. Fortunately, there is no change in the overall lay-out of the building." Construction of the school started in September 2014 and completion is expected in 2015.

In terms of scale, the School of Hope-flower is not a big project. The lot area is 200m^2 with a building area of 139m^2. However, Director Kim and Park have a vision to expand their activities throughout the world, and strongly emphasize the 'process' of the project. Communicating with a client who dreams to change the world with a small force, this project provided Notion Architecture with an important opportunity: a chance to explore the natural and economic environment of a region on the other side of the world, the meaning of community, and a space that can further enrich current lifestyles.

Eunju Lee is an architecture journalist at the Joongang Ilbo. She majored in English Literature at university then entered journalism, gaining experience in the social, international and culture sections. She studied film theory at Birbeck, University of London, under the Chevening Scholarship. She started to write about architecture after encountering architecture and design, while working as a book section journalist from 2009 to late 2011. Her articles include 'The poser of 3040 Korean Architecture' series (10 editions, July to September, 2009), 'The Status Quo of Korean Architecture' (November, 2010), 'As Long as Architecture is Seen as Construction, There is No Way to Achieve a Pritzker' (April, 2011), 'Architecture is Culture... and Japan Knew this 141 Years Ago' (April, 2014), 'The Two Buildings that Have become the Icon of Seoul, Totally Different Construction Process' (April, 2014). She is interested in making the public familiar with the diverse issues that happen within the field of architecture.

젊은건축가상
2014

김수영
곽상준
이소정
김민석
박현진

제1판 1쇄
2014년 12월 12일

발행인
김기현

발행처
시공문화사

등록
1993년 3월 12일

주소
서울시 서대문구 현저동 200
극동빌딩 5층

전화
02-3147-1212, 2323

팩스
02-3147-2626

이메일
spacetime@korea.com

홈페이지:
www.spacetime.co.kr

엮은이
구본준

글
박성진
이은주
임진영

진행
박주영
새건축사협의회

편찬위원
한형우
이규상
이주연

번역
월간 공간

크리에이티브 디렉션
이충호

콘셉트 & 디자인
SW20

주최
문화체육관광부

주관
새건축사협의회
한국건축가협회
한국여성건축가협회

후원
한국문화예술위원회
정림건축문화재단
통의동 보안여관

이 책은 국민체육진흥투표권
공익사업적립금을 보조받아
발간되었습니다.

ISBN 978-89-5592-310-0

Korean Young Architect Award 2014

Sooyoung Kim
Sangjoon Kwak
Sojung Lee
Minseok Kim
Hyeon Jin Park

Publishing Date
Dec. 12th 2014

Spacetime Publishers
5F Kukdong bldg., 200
Hyeonjeo-dong,
Seodaemun-gu, Seoul,
Korea

Tel
+82-2-3147-1212
+82-2-3147-2323

Fax
+82-2-3147-2626

E-mail
spacetime@korea.com

Website
www.spacetime.co.kr

Editing
Bonjoon Goo

Text
Sungjin Park
Jinyoung Lim
Eunju Lee

Production Assistant
Jooyoung Park
Korea Architects Institute

A Compilation Committee
Hyungwoo Han
Kusang Lee
Jooyeon Lee

Translation
SPACE Magazine

Creative Direction
Choong Ho Lee

Concept & Design
SW20

Host
Ministry of Culture, Sports
and Tourism

Supervision
KAI, Korea Architects Institutes
KIA, Korean Institute of Architects
KIFA, Korean Institute of Female
Architects

Sponsor
Arts Council Korea
Junglim Foundation
Artspace Boan

First published in the Repiblic
of Korea in 2014 by the Ministry
of Culture, Sports and Tourism

Printed in Korea

ISBN 978-89-5592-310-0